Sistemas de gestión ambiental. SEAG0005

Leyre Sánchez Barrionuevo

ic editorial

Sistemas de gestión ambiental. SEAG0005
© Leyre Sánchez Barrionuevo

1ª Edición

© IC Editorial, 2025

Editado por: IC Editorial
c/ Cueva de Viera, 2, Local 3
Centro Negocios CADI
29200 Antequera (Málaga)
Teléfono: 952 70 60 04
Fax: 952 84 55 03
Correo electrónico: iceditorial@iceditorial.com
Internet: www.iceditorial.com

ISBN: 978-84-1184-833-6
Depósito Legal: MA 742-2025

Impresión: PODiPrint
Impreso en Andalucía – España

Nota de la editorial: IC Editorial pertenece a Innovación y Cualificación S. L.

Especialidad formativa

Se entiende por especialidad formativa la agrupación de contenidos, competencias profesionales y especificaciones técnicas que responde a un conjunto de actividades de trabajo enmarcadas en una fase del proceso de producción y con funciones afines.

Las especialidades formativas de Uso General, Formación Complementaria, Formación Modular y las especialidades formativas dirigidas a la obtención de certificados de profesionalidad se incluyen en el Fichero de Especialidades del Servicio Público de Empleo Estatal para su gestión en todo el territorio nacional por cualquier Administración competente.

Las especialidades complementarias, pertenecen todas a la Familia profesional de Formación Complementaria (FCO) y tienen la consideración de formación transversal en áreas que se consideran prioritarias tanto en el marco de la Estrategia Europea para el Empleo y del Sistema Nacional de Empleo como en las directrices establecidas por la Unión Europea. Se consideran áreas prioritarias las relativas a tecnologías de la información y la comunicación, la prevención de riesgos laborales, la sensibilización en medio ambiente, la promoción de la igualdad, la orientación profesional y aquellas otras que se establezcan por la Administración competente.

Las especialidades de Certificado de profesionalidad tienen una duración especificada en su normativa reguladora.

En el resultado de la búsqueda, se muestran las unidades de competencia, todos los módulos formativos con su duración y las unidades formativas del certificado correspondiente, con su duración. Las horas del certificado, exclusivo de las especialidades de certificado de profesionalidad, con alta igual o superior a 2008, son las horas totales más las horas del módulo de Prácticas Profesionales no Laborales.

- **Si la especialidad tiene unidades formativas,** las horas totales, presencial, distancia, teleformación serán igual a la suma de esas horas de las unidades formativas de los distintos módulos, sin que se repita ninguna Unidad formativa.

➲ **Si la especialidad no tiene unidades formativas,** las horas totales, presencial, distancia, teleformación serán igual a las sumas de esas horas de los módulos formativos, eliminando las horas de los módulos repetidos.

https://sede.sepe.gob.es/especialidadesformativas/RXBuscadorEFRED/BusquedaEspecialidades.do

(Fuente: Servicio Público de Empleo Estatal)

Índice

Unidad de aprendizaje 4
Sistema de gestión ambiental (SGA)

OBJETIVOS GENERALES

Los objetivos general de **Sistemas de gestión ambiental. SEAG0005,** son:

- ⮩ Aplicar la normativa y los procedimientos a seguir para una correcta gestión bajo criterios de calidad ambiental, incidiendo en los aspectos económicos y jurídicos que afectan directamente a la actividad empresarial.
- ⮩ Exponer la importancia sobre el respeto al medioambiente.
- ⮩ Identificar las diferencias y ventajas de los diferentes sistemas de gestión ambiental, situando las etapas y requisitos para la implantación de un sistema de gestión ambiental.
- ⮩ Planificar la implantación, desarrollo y mantenimiento del sistema de gestión medioambiental de la organización, asegurando su operatividad.
- ⮩ Aplicar operaciones de puesta en marcha de sistemas de gestión ambiental (SGA) en una organización, indicando la estructura implicada y distribución de responsabilidades entre el personal.

Sensibilización medioambiental

Contenido

1. Introducción
2. Sensibilización medioambiental: medioambiente y sus procesos
3. Concepción del medioambiente; educación ambiental
4. Sostenibilidad en la empresa: gestión ambiental
5. Resumen

Objetivos

El objetivo general de esta Unidad de Aprendizaje es:

→ Exponer la importancia sobre el respeto al medioambiente.

Los objetivos específicos de esta Unidad de Aprendizaje son:

→ Reconocer los procesos y componentes del medioambiente.

→ Analizar de la problemática medioambiental a nivel local y global, comprendiendo sus causas, consecuencias y posibles soluciones.

→ Identificar de las leyes y regulaciones medioambientales pertinentes y los ámbitos de competencia en su aplicación y cumplimiento.

→ Evaluar el impacto de la actividad empresarial en el medioambiente a través de sus actividades, identificando prácticas sostenibles y proponiendo medidas de mitigación.

→ Analizar los sistemas de gestión ambiental en empresas u organizaciones, cumpliendo con la normativa vigente y promoviendo la mejora continua.

1. Introducción

En la actualidad, el medioambiente se enfrenta a una serie de desafíos sin precedentes que amenazan su equilibrio y la calidad de vida en nuestro planeta. La creciente urbanización, la industrialización desmedida y el cambio climático son solo algunas de las preocupaciones que requieren una acción inmediata y coordinada por parte de la sociedad global. En este contexto, la sensibilización medioambiental y el fomento del respeto al medioambiente se han convertido en imperativos morales y prácticos para asegurar la sostenibilidad de nuestro mundo para las generaciones presentes y futuras. La importancia de la sensibilización medioambiental y la promoción del respeto al medioambiente son elementos fundamentales para abordar los desafíos medioambientales actuales.

En este contexto, las empresas juegan un papel crucial en la protección y preservación del entorno natural en el que operan. Su compromiso con la sensibilización y el respeto al medioambiente es fundamental para mitigar los impactos negativos de sus actividades y promover un desarrollo económico sostenible mediante una gestión ambiental comprometida y consecuente.

Mariola, como gerente de una empresa Agroalimentaria, se enfrentará a una serie de cuestiones a la hora de poner en contexto su empresa en un entorno amigable con el medioambiente y dentro de un ámbito legal obligado.

Para ello, contratará los servicios de una consultoría medioambiental, que adentrará a Mariola en la gestión medioambiental adecuada.

2. Sensibilización medioambiental: medioambiente y sus procesos

 HILO CONDUCTOR

Lo primero que Mariola debe tener en cuenta antes de establecer una gestión medioambiental adecuada para su empresa son los problemas medioambientales actuales. Debe conocer además de qué forma afecta su empresa al medioambiente y el espacio legal que aplica a su empresa.

- -

La sensibilización medioambiental es un proceso fundamental para promover la conciencia y el entendimiento sobre la importancia del medioambiente y sus procesos en la sociedad. Esta unidad aborda la necesidad de educar y concienciar a las personas sobre la fragilidad de los ecosistemas naturales y sobre el impacto de las acciones humanas en el medioambiente.

En primer lugar, la sensibilización medioambiental implica comprender la complejidad y la interconexión de los diversos componentes del medioambiente, incluyendo el aire, el agua, el suelo, la flora, la fauna y los seres humanos. Esta comprensión es esencial para apreciar cómo los diferentes procesos naturales interactúan entre sí y cómo los cambios en uno pueden afectar a todo el sistema.

Además, la sensibilización medioambiental busca informar sobre los procesos naturales que sustentan la vida en la tierra, como el ciclo del agua, el ciclo del carbono, la fotosíntesis, la biodiversidad y la sucesión ecológica. Al comprender estos procesos, las personas pueden apreciar mejor la belleza y la importancia de la naturaleza, y comprender la necesidad de protegerla y conservarla.

Por otro lado, la sensibilización medioambiental también implica tomar conciencia de las amenazas y los desafíos a los que se enfrenta el medioambiente en la actualidad, como el cambio climático, la contaminación, la deforestación, la pérdida de biodiversidad y la degradación de los ecosistemas. Es crucial que las personas comprendan cómo estas amenazas afectan al medioambiente y a la vida en la tierra, y cómo nuestras acciones individuales y colectivas pueden contribuir a resolver o agravar estos problemas.

La sensibilización ambiental puede entenderse como un recurso que nos ofrece la oportunidad de adquirir, además del conocimiento, las habilidades y los valores necesarios para proteger y conservar el medioambiente.

 **VÍDEO**

Escaneando el siguiente QR, puedes ver un cortometraje sobre unas de las campañas más recurrentes en la actualidad en relación con la sensibilización ambiental: la contaminación marina por plásticos.

https://redirectoronline.com/seag00050101

2.1. Introducción al medioambiente

La palabra *medioambiente* hace referencia al entorno que rodea a los seres vivos, incluyendo los elementos físicos, químicos, biológicos y sociales, que interactúan entre sí y que influyen en la vida en la tierra. Este entorno comprende tanto los componentes naturales como los construidos por el ser humano.

 DEFINICIÓN

Medioambiente
Según la ONU, el medioambiente es "El conjunto de componentes físicos, químicos, biológicos y sociales capaces de causar efectos directos o indirectos, en un plazo corto o largo, sobre los seres vivos y las actividades humanas".

Los principales componentes del medioambiente son:

Componentes abióticos
- Incluyen los elementos físicos y químicos del entorno, como el aire, el agua, el suelo, la luz solar, la temperatura y los minerales. Estos elementos proporcionan las condiciones necesarias para la vida y afectan directamente a los organismos que habitan en el medioambiente.

Componentes bióticos
- Consisten en todos los seres vivos que habitan en un área determinada, incluyendo plantas, animales, hongos, bacterias y otros microorganismos. Estos organismos interactúan entre sí y con el entorno abiótico, formando comunidades y ecosistemas complejos.

Componentes sociales y culturales
- Incluyen las actividades y las influencias humanas en el medioambiente, como la urbanización, la industrialización, la agricultura, la pesca, la caza, el turismo y otros aspectos de la sociedad humana. Estos aspectos pueden tener un iimpacto significativo en el medioambiente y en la calidad de vida de las personas.

El medioambiente es fundamental para el bienestar de todas las formas de vida en la tierra. Proporciona recursos naturales como alimentos, agua y aire limpio, así como servicios ecológicos como la polinización, la purificación del agua y la regulación del clima. Por lo tanto, es crucial proteger y conservar el medioambiente para garantizar un futuro sostenible para las generaciones presentes y futuras.

Si nos centramos en el componente natural del medioambiente es importante definir los siguientes conceptos claves:

1. **Ecología.** Se define como la ciencia que estudia las relaciones de los seres vivos y el medio en el que viven. Esta definición ha ido cambiando, hasta que en la actualidad se conoce como la ciencia encargada del estudio y análisis de los ECOSISTEMAS.
2. **Ecosistema.** Es definido como el espacio constituido por un medio físico (componentes abióticos), todos los seres que viven en él (componentes bióticos) y las relaciones que se dan entre ellos (componentes sociales). Es entendido además como la unidad básica de estudio. Puede variar enormemente en tamaño y complejidad, desde pequeños, como un charco de agua, hasta grandes, como una selva tropical o un océano. Cada ecosistema tiene sus propias características únicas: tipo de vegetación, fauna, clima, suelo, disponibilidad de agua y otros factores ambientales.

3. **Hábitat.** Es el lugar o ambiente natural donde vive y se desarrolla un organismo. Es el espacio físico en el que un organismo encuentra las condiciones necesarias para alimentarse, reproducirse y sobrevivir. Cada especie tiene hábitats específicos, que pueden ser determinados por factores como el clima, el suelo, la disponibilidad de agua, la presencia de otros organismos y la topografía del terreno. Ej; la orilla y las profundidades de un lago serían dos hábitats de un mismo ecosistema.
4. **Biodiversidad.** Se denomina a la pluralidad de especies animales y vegetales de un ecosistema. La organización de los ecosistemas es medible a través de la diversidad de estos y son mayores su existen muchas especies diferentes y no existen especies dominantes.

La ecología fue descrita como tal por primera vez en 1869 por el biólogo alemán Ernst Haeckel. Posteriormente, Haeckel amplió la definición incluyendo el medio, el transporte y la transformación de la energía y la materia por parte de los seres vivos.

NOTA

La biodiversidad es conocida como la gran biblioteca genética del planeta. La información extraíble de ella es muy amplia. Es el resultado del proceso evolutivo desde el inicio de nuestro planeta. Actualmente existen muchas iniciativas con el propósito de frenar la pérdida de biodiversidad, entre ellas la propuesta por la Unión Mundial para la Naturaleza (UICN), la Fundación Biodiversidad del Ministerio de Medioambiente y Medio Rural y Marino, y el plan de acción a favor de la biodiversidad, dentro del Sexto Programa de Acción en Materia de Medioambiente de la Unión Europea.

VÍDEO

Escaneando el siguiente QR, se explica a modo de resumen otros muchos aspectos sobre el medioambiente.

Continúa en página siguiente >>

<< Viene de página anterior

https://redirectoronline.com/seag00050102

2.2. Problemática medioambiental

La relación que el ser humano ha establecido con los ecosistemas en los que habita ha ido cambiando a lo largo de la historia. El incremento de población y el avance desmedido de la tecnología ha modificado en gran medida esta relación, haciendo peligrar el equilibrio atmosférico, los recursos acuáticos y terrestres.

 **NOTA**

El efecto que una determinada acción humana, ya sea directa o indirecta, produce sobre el medioambiente es conocido como **impacto ambiental.**

Hoy en día la problemática medioambiental es entendida como los desafíos y preocupaciones relacionados con el medioambiente y la salud del planeta. Algunos de los problemas medioambientales más importantes son:

- **Cambio climático.** Es entendido como el aumento de las temperaturas globales debido a la acumulación de gases de efecto invernadero en la atmósfera, principalmente causada por la quema de combustibles fósiles y la deforestación.
- **Contaminación atmosférica.** Producida principalmente por las emisiones de gases y partículas contaminantes que afectan la calidad de aire y la salud humana, originadas principalmente por la quema de combustibles fósiles, la industria y los procesos agrícolas.

- **Contaminación del agua.** Generada por los vertidos de productos químicos, desechos industriales y aguas residuales que contaminan ríos, lagos y océanos, lo que afecta la vida acuática y la disponibilidad de agua potable.
- **Deforestación.** Causada por la tala indiscriminada de bosques para la agricultura, la ganadería y la expansión urbana, lo que reduce la biodiversidad, contribuye al cambio climático y destruye hábitats naturales.
- **Pérdida de biodiversidad.** Como ya hemos explicado, la pérdida de biodiversidad es uno de los principales problemas medioambentales actuales. Esta problemática viene motivada principalmente por la extinción de especies animales y vegetales debido a la destrucción de hábitats, la contaminación, la caza furtiva y el cambio climático, lo que afecta el equilibrio ecológico y la estabilidad de los ecosistemas.
- **Desertización.** Conocida como la degradación de tierras fértiles en regiones áridas y semiáridas, generalmente debido a la sobreexplotación de recursos naturales y el cambio climático, lo que lleva a la pérdida de productividad agrícola y la degradación del paisaje.
- **Residuos sólidos.** Es la acumulación de basura y residuos plásticos que contaminan el medioambiente y afectan a la vida silvestre. Representan un riesgo para la salud humana.

Abordar estos problemas requiere esfuerzos a nivel global, incluyendo políticas ambientales efectivas, innovaciones tecnológicas, cambios en los hábitos de consumo y un mayor compromiso con la conservación y la sostenibilidad.

 **VÍDEO**

Escanea el siguiente QR para ver una reflexión sobre el cambio climático y sus consecuencias.

https://redirectoronline.com/seag00050103

APLICACIÓN PRÁCTICA

Víctor es el director ejecutivo de una empresa manufacturera que se enfrenta a desafíos medioambientales significativos en su proceso de producción, entre los que destaca la acumulación excesiva de residuos sólidos, en concreto un aumento en la cantidad de residuos plásticos generados como resultado de la producción y el embalaje de los productos. Como responsable, Víctor está preocupado por el impacto negativo de estos residuos en el medioambiente y quiere implementar medidas para abordar este problema de manera efectiva.

Identifica qué opción es la más adecuada para Víctor.

a. Víctor decide continuar con las prácticas actuales en la empresa y no hacer ningún cambio en la gestión de los residuos plásticos, ya que teme que implementar medidas de reducción pueda afectar la eficiencia y rentabilidad de la empresa.

b. Víctor decide contratar los servicios de una empresa de gestión de residuos para que se encargue de recolectar y desechar adecuadamente todos los residuos plásticos generados por la empresa manufacturera.

c. Víctor organiza una campaña de sensibilización medioambiental para los empleados de la empresa, educándolos sobre la importancia de reducir el uso de plásticos y promoviendo prácticas de reciclaje y reutilización en el lugar de trabajo.

d. Víctor implementa un cambio en los procesos de producción de la empresa, utilizando envases y embalajes biodegradables o compostables en lugar de plásticos convencionales, y establece un sistema de reciclaje interno para reutilizar los residuos plásticos en otros productos o procesos.

SOLUCIÓN

La opción que Víctor ha escogido para minorizar el impacto ambiental que origina su empresa se traduce en las siguientes medidas:

- **Reducción del impacto ambiental:** al utilizar envases y embalajes biodegradables o compostables, se reduce significativamente el impacto ambiental de los residuos plásticos, ya que estos materiales se descomponen más fácilmente en el medioambiente sin causar daños prolongados.

Continúa en página siguiente >>

<< Viene de página anterior

- **Reducción de contaminación de agua y aire:** ya que reduce la producción incontrolada y sus deshechos a mares y ríos, o la quema de los mismos para su eliminación.
- **Reducción de residuos sólidos:** la reducción de la producción de plásticos implica la reducción de su acumulación una vez usados.
- **Promoción de la sensibilización ambiental:** al tomar medidas tangibles para abordar el problema de los residuos plásticos, Víctor también puede utilizar esta iniciativa como una oportunidad para promover la sensibilización ambiental entre sus empleados y la comunidad local, destacando el compromiso de la empresa con la protección del medioambiente.

2.3. Legislación medioambiental y ámbitos de competencia

La legislación medioambiental es un conjunto de leyes, regulaciones y políticas que tienen como objetivo proteger el medioambiente, conservar los recursos naturales y promover la sostenibilidad. Estas leyes se aplican a nivel nacional, regional y local, y abarcan una amplia gama de ámbitos y áreas de competencia.

La legislación ambiental sigue un **sistema jerárquico piramidal,** en el que las normas de cada nivel de autoridad tienen la responsabilidad de cumplir con las regulaciones establecidas por encima de él.

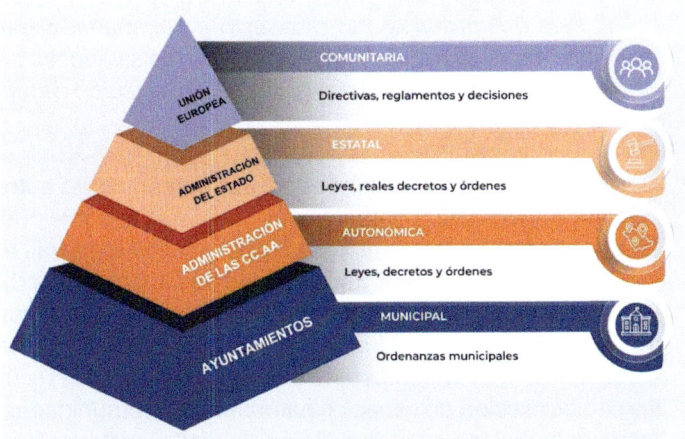

En este esquema, la Unión Europea establece directrices generales que los Estados miembros deben seguir. Mientras, los Estados, las comunidades autónomas y los ayuntamientos tienen la capacidad de implementar regulaciones más estrictas dentro de sus respectivas jurisdicciones, adaptándolas a las necesidades locales o regionales.

Esta estructura legislativa en forma de pirámide refleja cómo se jerarquizan las normas ambientales. Cada nivel tiene su propia autoridad y competencia para establecer regulaciones. Aquí está un resumen de los niveles jerárquicos de la legislación ambiental, desde el más alto hasta el más bajo:

1. **Normativa ambiental europea.** La Unión Europea establece directivas y regulaciones que marcan las pautas básicas para la protección del medioambiente en todos los Estados miembros. Estas normativas son de obligatorio cumplimiento para todos los países miembros. Ejemplo: lucha contra la contaminación y el cambio climático, protección de la biodiversidad y la economía circular y sostenible.

2. **Normativa ambiental estatal.** El Estado, en este caso España, adapta las directivas y regulaciones de la Unión Europea a su legislación nacional a través de leyes y reglamentos específicos. También puede establecer normativa adicionales para cubrir aspectos específicos o complementar las normativas europeas.

   Toda la legislación ambiental parte del artículo 45 de la Constitución de 1978.

   Artículo 45

   1. *Todos tienen el derecho a disfrutar de un medioambiente adecuado para el desarrollo de la persona, así como el deber de conservarlo.*

   2. *Los poderes públicos velarán por la utilización racional de todos los recursos naturales, con el fin de proteger y mejorar la calidad de la vida y defender y restaurar el medioambiente, apoyándose en la indispensable solidaridad colectiva.*

   3. *Para quienes violen lo dispuesto en el apartado anterior, en los términos que la ley fije se establecerán sanciones penales o, en su caso, administrativas, así como la obligación de reparar el daño causado.*

3. **Normativa ambiental autonómica.** Las comunidades autónomas dentro del Estado tienen competencias para legislar sobre cuestiones ambientales dentro de su territorio. La Constitución española establece estas competencias en la regulación y en su capacidad de dictar normas con rango de ley mediante sus propios parlamentos. Pueden establecer regulaciones más específicas o más estrictas que las leyes nacionales en áreas donde tienen competencia, como la gestión de recursos naturales o la protección de espacios naturales. Las comunidades autónomas también participan en la regulación de ciertas materias y su capacidad de dictar normas con rango de ley mediante sus propios Parlamentos.

4. **Normativa ambiental municipal.** A los ayuntamientos no se les ha atribuido capacidad legislativa, aunque si potestad reglamentaria. A efectos prácticos no pueden dictar leyes, pero si regular de qué manera aplicarlas. A través de ordenanzas pueden regular cuestiones ambientales a nivel local, como el tratamiento de residuos, la calidad del aire o la gestión de espacios verdes urbanos.

Esta estructura piramidal asegura que todas las normas ambientales se rijan por un marco legal coherente y consistente, al establecerse estándares mínimos a nivel supranacional y permitirse que los niveles inferiores impongan regulaciones más estrictas según las necesidades locales o regionales.

Algunos de los ámbitos principales de competencia en la legislación medioambiental incluyen:

⮑ **Legislación sobre aguas continentales y aguas marinas (calidad del agua).** Normativas para proteger la calidad de los cuerpos de agua, como ríos, lagos y océanos, mediante la regulación de vertidos industriales, agrícolas y municipales, así como la protección de áreas de captación de agua potable.
Ejemplo:

  ◊ **Real Decreto 876/2014,** de 10 de octubre, por el que se aprueba el Reglamento General de Costas.
  ◊ **Real Decreto Legislativo 1/2001,** de 20 de julio, por el que se aprueba el texto refundido de la Ley de Aguas y sus posteriores modificaciones.
  ◊ **Real Decreto 849/1986,** de 11 de abril, por el que se aprueba el Reglamento del Dominio Público Hidráulico.
  ◊ **Orden ARM/1312/2009,** de 20 de mayo, por la que se regulan los sistemas para realizar el control efectivo de los volúmenes de agua utilizados por los aprovechamientos de agua del dominio público hidráulico, de los retornos al citado dominio público hidráulico y de los vertidos al mismo.
  ◊ **Ley 41/2010,** de 29 de diciembre, de protección del medio marino.
  ◊ **Ley 22/1988,** de 28 de julio, de Costas.

⮑ **Legislación sobre gestión de residuos.** Relacionada con la gestión y disposición de residuos sólidos, líquidos y peligrosos, que incluye la promoción de la reducción, reutilización y reciclaje de residuos, así como la regulación de vertederos y la eliminación segura de desechos peligrosos, actualmente está regida por la Ley 7/2022 de residuos y suelos contaminados para una economía circular, que determina la principal regulación con carácter general de los residuos en nuestro ordenamiento jurídico. Define el marco tanto para las Administraciones públicas como para los productores y los gestores de residuos en materia de prevención, producción y gestión de los residuos.

Entre otras normativas ambientales cabe destacar:

◔ **Real Decreto 1055/2022,** de 27 de diciembre, de envases y residuos de envases.
◔ **Real Decreto 553/2020,** de 2 de junio, por el que se regula el traslado de residuos en el interior del territorio del Estado.
◔ **EL Real Decreto 110/2015,** de 20 de febrero, sobre residuos de aparatos eléctricos y electrónicos.
◔ **Real Decreto 106/2008,** de 1 de febrero, sobre pilas y acumuladores y la gestión ambiental.

⊃ **Legislación sobre la conservación de la biodiversidad.** Son las leyes encargadas de proteger y conservar la diversidad biológica y los hábitats naturales, la creación y gestión de áreas protegidas, la regulación de la caza y pesca, y la protección de especies en peligro de extinción.
⊃ **Legislación sobre el cambio climático y el impacto ambiental.** Esta legislación establece procedimientos para evaluar los impactos ambientales de proyectos, obras o actividades que pueden tener efectos significativos en el medioambiente, con el fin de evitar o mitigar estos impactos negativos.

La legislación que protege al cambio climático está abanderada por la Ley 7/2021, de mayo, de cambio climático y transición energética, la cual se encarga de cumplir de los objetivos del Acuerdo de París, instaurados el 12 de diciembre de 2015: facilitar la descarbonización de la economía española mediante una transición a un modelo circular y promover la adaptación a los impactos del cambio climático.

Algunas de las principales legislaciones relativas al cambio climático son:

◔ **Real Decreto Ley 5/2004,** de 27 de agosto, por el que se regula el régimen del comercio de derechos de emisión de gases de efecto invernadero.
◔ **Real Decreto 1315/2005,** de 4 de noviembre, por el que se establecen las bases de los sistemas de seguimiento y verificación de emisiones de gases de efecto invernadero en las instalaciones.
◔ **Ley 1/2005,** de 9 de marzo, por la que se regula el régimen del comercio de derechos de emisión de gases de efecto invernadero.

⊃ **Legislación sobre la atmósfera.** La legislación por excelencia en materia de contaminación atmosférica y calidad del aire ambiente es la Ley

34/2007, por la que se establece las medidas de prevención, vigilancia y reducción de la contaminación atmosférica.

Además de esta ley, existen otras normativas medioambientales:

◌ **Real Decreto 1042/2017,** de 22 de diciembre, sobre la limitación de las emisiones a la atmósfera de determinados agentes contaminantes procedentes de las instalaciones de combustión medianas, por el que se actualiza el anexo IV de la Ley 34/2007, de 15 de noviembre, de calidad del aire y protección de la atmósfera.

◌ **Real Decreto 100/2011,** de 28 de enero, por el que se actualiza el catálogo de actividades potencialmente contaminadoras de la atmósfera y se establecen las disposiciones básicas para su aplicación.

◌ **Real Decreto 117/2003,** de 31 de enero, sobre limitación de emisiones de compuestos orgánicos volátiles debidas al uso de disolventes en determinadas actividades.

◌ **Ley 34/2007,** de 15 de noviembre, de calidad del aire y protección de la atmósfera

2.4. Medioambiente y actividad empresarial

El enfoque convencional de la economía ha ignorado en gran medida el impacto del medioambiente en la actividad económica. Sin embargo, en las últimas décadas ha habido un esfuerzo significativo en esta dirección. Una de las estrategias seguidas para integrar el medioambiente en las actividades empresariales ha sido la aplicación del principio "quien contamina paga". En Europa, esta iniciativa se ha manifestado a través de la promulgación de diversas regulaciones ambientales y la formulación de programas de acción ambiental que fomentan la responsabilidad voluntaria de las empresas frente a los impactos ambientales de sus operaciones.

 **IMPORTANTE**

La **responsabilidad ambiental** viene determinada por la entrada en vigor de la Ley 26/2007, que obliga a operadores de actividades a prevenir, evitar y reparar aquellos los daños medioambientales que su actividad pueda provocar, y a devolver los recursos a su estado previo.

Como ya sabemos, la relación entre el medioambiente y la actividad empresarial en la actualidad es compleja y multidimensional, pero cada vez más las empresas están reconociendo la importancia de integrar consideraciones ambientales en sus operaciones y estrategias comerciales para garantizar su viabilidad a largo plazo y contribuir a la sostenibilidad global:

⊃ **¿Cuáles son las obligaciones que debe asumir una empresa en materia de responsabilidad ambiental?** La Ley 26/2007, de **Responsabilidad Medioambiental**, exige que las empresas impongan medidas que eviten posibles daños ecológicos, además de que sean los responsables de reparar y abonar los gastos en caso de que se diesen.

Es de carácter obligatorio, además, informar de forma inmediata a la autoridad que corresponda en cada caso de la cualquier amenaza o daño medioambiental.

Las empresas incluidas en la Ley de Responsabilidad Medioambiental están obligadas a:

Antes de un accidente:

1. Comunicar la posibilidad de dicha amenaza.
2. Prevenir los posibles daños.

Después de un accidente:

1. Comunicar los daños.
2. Evitar nuevos daños
3. Adoptar las medidas oportunas de reparación.

⊃ **¿Cuáles son las medidas de evitación de daños según la Ley Responsabilidad Medioambiental?** Son las medidas que la empresa debe implementar una vez producido un daño medioambiental determinado, con la finalidad de evitar futuros daños medioambientales de más envergadura.

⊃ **¿Qué son las medidas de reparación según la Ley de Responsabilidad Medioambiental?** Son medidas cuyo objetivo es la reparación de los recursos naturales que han sufrido un accidente.

Según la Ley de Responsabilidad Medioambiental, podemos encontrar tres tipos de medidas de reparación:

1. Reparación primaria: medidas que rehabiliten el entorno medioambiental dañado, en la medida de lo posible, al estado en que se encontraban antes del accidente.
2. Reparación complementaria: medidas llevadas a cabo en el caso de que la reparación primaria pueda ser instaurada en su plenitud.

3. Reparación compensatoria: medidas llevadas a cabo cuando las pérdidas medioambientales producidos desde que se produzco el accidente hasta la fecha en la que la reparación primaria haya sido instaurada.

○ **¿Cómo actuar en materia de responsabilidad ambiental?** Toda empresa recogida en la Ley de Responsabilidad Medioambiental deberá:

1. Conocer la ley que regula su actividad.
2. Analizar aquellos elementos dentro de su empresa y su entorno susceptibles de sufrir un daño de carácter medioambiental.
3. Ser conscientes de los valores límite de emisión para su empresa.
4. Analizar los riesgos ambientales que pueden derivar de su instalación y el entorno en el que se encuentra.
5. Determinar los daños medioambientales que pueden ocurrir a partir de los riesgos anteriormente localizados.
6. Instaurar un plan de emergencia en caso de daño medioambiental.
7. Informar de forma inmediata a la Administración en caso de daño o amenaza de accidente medioambiental.

 VÍDEO

Escaneando el QR puedes ver en qué consiste la responsabilidad social corporativa.

https://redirectoronline.com/seag00050104

Responsabilidad social corporativa (RSC). Muchas empresas adoptan iniciativas de responsabilidad social corporativa que incluyen prácticas ambientalmente sostenibles. Esto puede implicar la reducción de emisiones de carbono, el uso de energías renovables, la implementación de prácticas de reciclaje y la conservación de recursos naturales. La RSC no solo beneficia al medioambiente, sino que también puede mejorar la reputación de la empresa y su relación con los consumidores y las comunidades.

2.5. Medioambiente y acción sindical

La lucha contra el cambio climático representa uno de los mayores desafíos al que nos enfrentamos desde la perspectiva del derecho laboral. Para abordar este desafío de manera efectiva es esencial que las organizaciones sindicales y la representación de los trabajadores desempeñen un papel central. Su participación activa en el diálogo social, la participación en la empresa, la acción sindical y la negociación colectiva es fundamental para proteger el medioambiente y promover la sostenibilidad en el lugar de trabajo y en la sociedad en general.

Al mismo tiempo, es importante tener en cuenta las repercusiones que las medidas para combatir la crisis climática pueden tener en el empleo y las condiciones laborales. Por lo tanto, se requiere una transición justa hacia un modelo económico más sostenible, que garantice que los trabajadores no se vean perjudicados y que se protejan sus derechos laborales.

Los sindicatos, como representantes de los trabajadores, desempeñan un papel crucial en la defensa de los derechos laborales, pero también pueden influir en las políticas ambientales y promover prácticas sostenibles en el lugar de trabajo y en la sociedad en general. Algunas formas en que los sindicatos pueden abordar el medioambiente incluyen:

Negociación colectiva
- Los sindicatos pueden incluir cláusulas ambientales en los contratos colectivos que garanticen condiciones laborales seguras y saludables en relación con el medioambiente. Esto puede incluir disposiciones sobre la gestión de residuos, la reducción de emisiones y el uso de energías renovables, entre otros aspectos.

Formación y concienciación
- Los sindicatos pueden ofrecer formación a los trabajadores sobre temas ambientales y fomentar la concienciación sobre la importancia de la sostenibilidad en el lugar de trabajo y en la comunidad.

Participación en políticas públicas
- Los sindicatos pueden abogar por políticas gubernamentales que promuevan la protección del medioambiente y la creación de empleos verdes. Esto puede incluir la promoción de leyes sobre energías renovables, regulaciones ambientales más estrictas y programas de transición justa para los trabajadores afectados por la transición hacia una economía más sostenible.

Alianzas con organizaciones ambientales
- Los sindicatos pueden colaborar con grupos ambientalistas para abogar por políticas que beneficien tanto a los trabajadores como al medioambiente. Estas alianzas pueden fortalecer la influencia de ambos grupos en la toma de deciisiones y generar soluciones más equitativas y sostenibles.

Desarrollo de empleos verdes
- Los sindicatos pueden promover la creación de empleos en sectores que contribuyan positivamente al medioambiente, como la energía renovable, la eficiencia energética, la gestión de residuos y la agricultura sostenible. Esto puede implicar la negociación de salarios justos y condiciones laborales seguras en estos sectores emergentes.

 **EJEMPLO**

Actualmente, varios sindicatos están activamente involucrados en la promoción de una conexión entre el cumplimiento de la Agenda 2030 y las decisiones

Continúa en página siguiente >>

<< Viene de página anterior

políticas relacionadas con las reformas laborales en España. Su enfoque se centra en la necesidad de combatir la precariedad laboral y garantizar condiciones de trabajo dignas. En este sentido, están presionando para revertir las reformas laborales que consideran responsables del aumento de la precarización del empleo en el país. Además, abogan por abordar otras problemáticas que afectan al mercado laboral español.

Estos sindicatos argumentan que los objetivos de desarrollo sostenible de la Agenda 2030 están directamente vinculados con la mejora de las condiciones laborales y la protección de los derechos de los trabajadores. Por lo tanto, están instando a los líderes políticos a implementar medidas concretas que promuevan la estabilidad laboral, salarios justos y oportunidades equitativas en el empleo.

- -

3. Concepción del medioambiente; educación ambiental

☞ HILO CONDUCTOR

Una vez que Mariola haya evaluado los problemas medioambientales actuales y comprendido el marco legal aplicable, estará en una posición sólida para desarrollar una gestión medioambiental efectiva para la empresa que la ha contratado. Esto incluirá la implementación de prácticas y políticas que reduzcan el impacto ambiental de sus operaciones, promuevan la conservación de los recursos naturales y fomenten la sostenibilidad en todas las áreas de su negocio. Mariola deberá, además, considerar la importancia de la educación ambiental para sus clientes. La educación ambiental puede aumentar la conciencia sobre los problemas ambientales y promover un cambio de comportamiento hacia prácticas más sostenibles. Al educar a sus clientes sobre la importancia de la sostenibilidad, Mariola puede fortalecer aún más la gestión medioambiental de la empresa y contribuir positivamente a la protección del medioambiente desde cada empresa que visita.

- -

El concepto de *medioambiente* ha evolucionado considerablemente, desde una visión que enfatizaba sus aspectos físicos y biológicos a una perspectiva más amplia que reconoce las interacciones entre sus diferentes dimensiones, incluyendo aspectos económicos y socioculturales.

Hoy en día, los problemas ambientales no se limitan solo a la contaminación y los vertidos, sino que también abarcan cuestiones sociales, culturales y económicas, todas ellas ligadas al modelo de desarrollo adoptado.

La relación entre el medioambiente y el desarrollo es fundamental para comprender los desafíos ambientales y avanzar hacia un modelo de desarrollo sostenible que asegure una buena calidad de vida para las generaciones presentes y futuras.

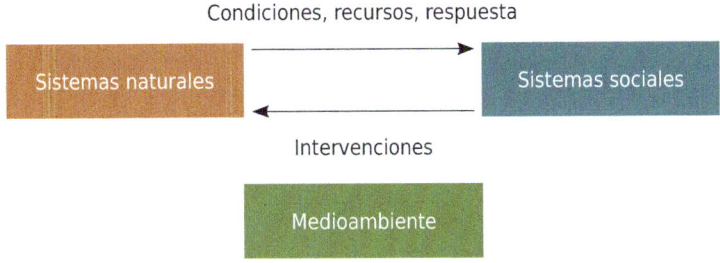

El medioambiente es concebido como una interacción innegociable de diferentes disciplinas como la ecología, la biología, la geografía, la economía, la historia y la sociología.

 **IMPORTANTE**

El medioambiente puede ser visto como un macrosistema compuesto por diversos subsistemas que interactúan entre sí. Cuando estas interacciones fallan o se desequilibran, surgen problemas ambientales que impactan en la salud humana, la biodiversidad y la estabilidad de los ecosistemas. Es esencial, por lo tanto, adoptar un enfoque integrado que considere tanto los aspectos naturales como los socioeconómicos y culturales del medioambiente, con el fin de abordar de manera efectiva los desafíos ambientales y promover un desarrollo sostenible que garantice el bienestar humano y la preservación del entorno natural.

3.1. Fundamentos y agentes de la educación ambiental

La educación ambiental es un proceso integral que tiene como objetivo promover la conciencia, el conocimiento y las habilidades necesarias para comprender y abordar los problemas ambientales y promover la sostenibilidad. Se centra en sensibilizar a las personas sobre la importancia de proteger el medioambiente, así como en capacitarlas para tomar decisiones informadas y adoptar comportamientos responsables en relación con el entorno natural.

Entre los principales objetivos de la educación ambiental se encuentran los siguientes:

1. **Sensibilización.** La educación ambiental busca aumentar la conciencia pública sobre los problemas ambientales y sus impactos en la salud humana, la biodiversidad y los ecosistemas. Esto implica informar a las personas sobre temas como la contaminación, la pérdida de biodiversidad, el cambio climático y la gestión sostenible de los recursos naturales.
2. **Conocimiento.** Tiene como meta principal facilitar a individuos y grupos sociales una visión completa del medioambiente, abordando tanto sus problemas inherentes como la interacción y el papel de la humanidad en él. Esto conlleva fomentar una responsabilidad reflexiva hacia nuestro entorno, donde se reconozca la implicación directa de nuestras acciones en la conservación del medioambiente y se promueva la adopción de medidas sostenibles.
3. **Desarrollo de habilidades.** Ayuda a desarrollar habilidades prácticas que permitan a las personas participar activamente en la protección y conservación del medioambiente. Esto puede incluir habilidades como la investigación, la resolución de problemas, el pensamiento crítico, la toma de decisiones y la comunicación efectiva.
4. **Promoción de actitudes y valores.** La educación ambiental fomenta actitudes positivas hacia la conservación del medioambiente y promueve valores como la responsabilidad, el respeto, la solidaridad y la equidad. También busca inspirar un sentido de conexión y cuidado hacia la naturaleza.
5. **Acción y participación.** La educación ambiental motiva a las personas en acciones concretas para proteger y mejorar el medioambiente, tanto a nivel individual como colectivo. Esto puede incluir la participación en proyectos de conservación, campañas de sensibilización, actividades de voluntariado y el activismo ambiental.

 **PARA SABER MÁS**

La Carta de Belgrado es un documento que se emitió durante el Seminario Internacional de Educación Ambiental celebrado en esa ciudad en 1975. Puedes ampliar y contrastar esta información escaneando el siguiente QR:

Continúa en página siguiente >>

<< Viene de página anterior

https://redirectoronline.com/seag00050105

3.2. Medioambiente y desarrollo económico

Durante las últimas décadas, se ha observado un creciente reconocimiento de los problemas ambientales asociados al desarrollo económico y social. El actual sistema de producción ha generado una situación crítica de la que será difícil recuperarse, incluso con esfuerzos considerables. Hasta ahora, las soluciones han involucrado cambios tecnológicos, aplicaciones de sanciones y regulaciones más rigurosas, así como la implementación de impuestos a las actividades contaminantes y subsidios para la producción de productos amigables con el medioambiente.

La situación actual resalta la importancia de encontrar un equilibrio entre el crecimiento económico y la preservación del medioambiente, una relación que no es fácil de manejar. Por lo tanto, es crucial entender cómo funcionan los sistemas de producción actuales y evaluar tanto las consecuencias positivas como negativas que tienen para la sociedad actual y futura. Es necesario profundizar en investigaciones previas para intentar identificar posibles vías hacia un crecimiento equilibrado y sostenible en armonía con el medioambiente. Sin embargo, debido a la complejidad analítica de este amplio campo, existen diversas soluciones posibles en la búsqueda de la sostenibilidad.

¿Puede detenerse el cambio climático y estimular la economía?

A pesar de las dudas iniciales de la comunidad empresarial, cada vez más investigaciones y acciones indican que las medidas para combatir el calentamiento global representan una oportunidad para asegurar el desarrollo sostenible y fomentar el crecimiento económico. Según lo señalado por la Comisión Mundial sobre la Economía y el Clima, en un informe de finales de 2018, la implementación de medidas climáticas ambiciosas podría generar beneficios económicos de hasta 26 billones de dólares para el año 2030, así como la creación de 65 millones de empleos con bajas emisiones de carbono.

Según este informe, para construir un modelo de crecimiento más resistente y beneficioso para las personas es necesario acelerar la transformación estructural en cinco sectores económicos clave:

Sistemas de energías limpias
- La descarbonización de los sistemas energéticos, junto con las tecnologías de electrificación descentralizadas y habilitadas digitalmente, podría brindar acceso a servicios de energía modernos a los mil millones de personas que actualmente carecen de él.

Desarrollos urbanos más inteligentes
- Como ciudades más compactas, conectadas y coordinadas, podrían ahorrarnos hasta 17 billones de dólares para 2050 y estimular el crecimiento económico, al mejorar el acceso al trabajo y la vivienda.

Uso sostenible de la tierra
- Mediante la transición a formas de agricultura más sostenibles y la protección forestal, podría generar beneficios económicos anuales de alrededor de 2 billones de dólares.

Gestión inteligente del agua
- La gestión inteligente del agua es crucial, ya que las áreas con escasez de agua podrían experimentar una caída del PIB de hasta un 6 % para 2050. Esto se puede evitar mediante el uso más eficiente del agua, mediante mejoras tecnológicas e inversiones en infraestructura pública.

Economía circular industrial
- Actualmente se pierde el 95 % del valor del material de embalaje de plástico, lo que equivale a hasta 120.000 millones de dólares anuales. Las políticas que promuevan un uso más circular y eficiente de los materiales podrían mejorar la actividad económica global y reducir los desechos y la contaminación.

Simultáneamente, la Comisión Mundial sobre la Economía y el Clima hace un llamado urgente a los líderes del sector público y privado para que tomen medidas decisivas en los próximos dos o tres años. Estas acciones incluyen la implementación de un precio al carbono, la exigencia de divulgación de riesgos financieros relacionados con el clima por parte de las empresas, el aumento de la inversión en infraestructura sostenible, la maximización del potencial del sector privado para impulsar la innovación y mejorar la transparencia en la cadena de valor, y la adopción de un enfoque centrado en las personas para garantizar un crecimiento equitativo y una transición justa.

Por otro lado, la Organización de las Naciones Unidas (ONU) afirma que aún hay tiempo para revertir el cambio climático y mitigar sus impactos devastadores. Actualmente, la humanidad cuenta con la capacidad organizativa y tecnológica necesaria para reparar los daños causados al planeta y restablecer la armonía con la naturaleza.

 **VÍDEO**

¿Es posible el equilibrio? Escaneando el QR puedes aproximarte a la respuesta a esta pregunta.

https://redirectoronline.com/seag00050106

3.3. Prácticas y técnicas para la educación ambiental

La educación ambiental se posiciona como una herramienta esencial para inculcar valores, conocimientos y prácticas que fomenten la preservación de nuestro planeta. Este enfoque no se limita únicamente al ámbito escolar, sino que su relevancia se expande también al mundo empresarial. En el marco del Día de la Educación Ambiental reflexionamos sobre el papel de las empresas en la promoción de un entorno empresarial más sostenible mediante la concienciación ambiental.

⊕ PARA SABER MÁS

De acuerdo con la **Organización de las Naciones Unidas para la Educación, la Ciencia y la Cultura (UNESCO),** la educación ambiental es el pilar del desarrollo sostenible, pues es la que permitirá que se establezca una relación equilibrada entre el ser humano y el medioambiente.

https://redirectoronline.com/seag00050107

La importancia de la educación ambiental en las empresas se refleja en varios aspectos cruciales:

Reducción de la huella ambiental	- La sensibilización de los empleados sobre la necesidad de reducir la huella ambiental es esencial. Esto implica promover prácticas de consumo consciente, una gestión eficiente de los recursos y la adopción de tecnologías sostenibles.
Cumplimiento normativo y certificaciones sostenibles	- Es imprescindible comprender adecuadamente las regulaciones ambientales y obtener certificaciones sostenibles. La educación garantiza que las empresas cumplan con las normativas vigentes y promuevan prácticas que superen los estándares mínimos establecidos.
Antes de la planificación estratégica	- Planificar estratégicamente supone implantar cambios en los recursos, por lo que, al llevar a cabo un análisis DAFO. Este te permitirá conocer la situación desde la que partes pueden tomar decisiones con la mayor cantidad de información para garantizar el éxito de tu proyecto.

Continúa en página siguiente >>

<< Viene de página anterior

Cultura empresarial sostenible	- La educación ambiental contribuye a crear una cultura corporativa comprometida con la sostenibilidad. Al integrar estos valores en el ADN de la empresa, se traen empleados comprometidos y se mejora la reputación de la compañía frente a clientes y socios comerciales.

 PARA SABER MÁS

Para poder crear una agenda enfocada en educación ambiental de una empresa, lo primero que deben hacer las organizaciones es conocer las metas planteadas en la **Agenda 2030 de la ONU,** en la cual se contienen los 17 Objetivos de **Desarrollo Sostenible (ODS).** Escanea el siguiente QR para conocer dichas metas y sus objetivos.

https://redirectoronline.com/seag00050108

https://redirectoronline.com/seag00050109

4. Sostenibilidad en la empresa: gestión ambiental

HILO CONDUCTOR

En línea con estos pasos, Mariola también deberá abordar aspectos clave relacionados con la normativa de sistemas de gestión ambiental, la documentación del sistema de gestión ambiental y la realización de auditorías medioambientales. Estos procesos son esenciales para garantizar el cumplimiento de las regulaciones ambientales, mantener registros adecuados de las acciones medioambientales de la empresa y evaluar regularmente su desempeño ambiental para identificar áreas de mejora. Este enfoque integral asegurará que la gestión medioambiental de la empresa sea efectiva, transparente y cumpla con los más altos estándares de sostenibilidad.

La sostenibilidad empresarial es la gestión eficiente de los recursos naturales durante la actividad productiva, asegurando de ese modo su conservación para las necesidades futuras.

Las empresas que adoptan prácticas sostenibles no solo evitan impactos negativos en el medioambiente y respetan los derechos laborales y humanos, sino que también generan impactos positivos en la sociedad y el planeta, al incorporar aspectos ambientales, sociales y de gobierno corporativo en sus estrategias corporativas.

PARA SABER MÁS

Escanea el siguiente QR para conocer ejemplos reales de cómo una empresa garantiza su sostenibilidad ambiental.

https://redirectoronline.com/seag00050110

4.1. Normativa de sistemas de gestión ambiental

La normativa de sistemas de gestión ambiental comprende un conjunto de reglamentos, estándares y directrices establecidos por entidades gubernamentales o certificadoras para dirigir y mejorar el desempeño ambiental de una organización. Estas normativas definen los requisitos para desarrollar, implementar y mantener sistemas de gestión ambiental, así como para identificar y mitigar los impactos ambientales de las actividades empresariales.

Ejemplos de estas normativas incluyen la norma ISO 14001, que establece los criterios para un sistema de gestión ambiental, y las regulaciones ambientales específicas de cada país o región. Cumplir con estas normativas es esencial para asegurar la responsabilidad ambiental de las empresas y fomentar la preservación del medioambiente.

La norma UNE-EN ISO 14001 es un estándar internacional que establece los requisitos para implementar un sistema de gestión ambiental (SGA). Este estándar brinda a las organizaciones un marco para proteger el medioambiente y adaptarse a las condiciones ambientales en evolución, al tiempo que equilibra estas acciones con las necesidades socioeconómicas.

Esta norma se fundamenta en el ciclo PHVA (planificar, hacer, verificar y actuar), PDCA por sus siglas en inglés. Este enfoque promueve un proceso interactivo que las organizaciones pueden emplear para logar la mejora continua:

Planificar

- Analizar la situación en la que se encuentra la organización de estudio para establecer los objetivos ambientales y los procesos necesarios para conseguir resultados de acuerdo con la política ambiental de la empresa.

Hacer

- Llevar a la práctica la planificación de los objetivos que se han acordado.

Actuar

- Detectar todas las dificultades encontradas durante el análisis de las causas y establecer decisiones para llevar a cabo una mejora de carácter continuo.

Verificar

- Comprobar que las tareas llevadas a cabo coinciden con los objetivos establecidos. Incluye también un análisis de la política ambiental y de los criterios de operación.

El éxito de un sistema de gestión ambiental certificado está estrechamente vinculado con el compromiso de todas las personas que forman parte de la organización, desde todos los niveles jerárquicos, y especialmente bajo el liderazgo de la alta dirección.

 SABÍAS QUE...

Esta norma fue desarrollada por la *Organización Internacional de Normalización* (ISO), una entidad independiente y no gubernamental compuesta por organizaciones de normalización de 164 países miembros.

4.2. Documentación del sistema de gestión ambiental

Toda entidad que implemente un sistema de gestión ambiental (SGA) basado en la norma ISO 14001 debe crear, almacenar y mantener actualizada toda la documentación necesaria para su funcionamiento. Esto suele incluir la elaboración de un **manual de gestión ambiental** que contenga los elementos esenciales y relevantes del sistema.

Este manual proporciona una descripción detallada de la política ambiental, los objetivos y metas, la estructura organizativa para la gestión ambiental, los procedimientos operativos estándares y cualquier otra información relevante para el SGA. La adecuada gestión y actualización de esta documentación es fundamental para asegurar la eficacia y el cumplimiento del SGA.

Toda la documentación relacionada con el sistema de gestión ambiental (SGA) debe ser lo suficientemente detallada como para describir los elementos clave del SGA, sus interacciones y proporcionar orientación sobre dónde obtener información más específica sobre una operación particular del sistema basado en la norma ISO 14001, además de ser fácilmente accesible y comprensible para todos los miembros de la organización involucrados en la implementación y mantenimiento del SGA.

El sistema de gestión ambiental se estructura comúnmente de forma piramidal siguiendo el siguiente esquema:

⮑ **Nivel I:**

 ◑ Es el denominado sistema de gestión ambiental y conforma el nivel más básico.
 ◑ Describe la política ambiental de la organización y sirve como guía para documentar las responsabilidades y funciones principales.
 ◑ Define los objetivos generales y ofrecer orientación sobre la documentación de referencia.
 ◑ Controlar los costes ayuda a detectar más rápidamente si se producen desviaciones económicas con respecto a los planificados inicialmente.

⮑ **Nivel II:**

 ◑ Está compuesto por los procedimientos del sistema, los cuales detallan los métodos y criterios que seguir para cumplir con los requisitos necesarios para la implementación efectiva del SGA.
 ◑ Cada capítulo del manual del SGA está desarrollado por uno o varios procedimientos. En cada capítulo se hace referencia a los procedimientos correspondientes.

⊃ **Nivel III:**

◗ Está constituido por los procedimientos específicos del sistema y las orientaciones técnicas.
◗ Ofrece información más detallada sobre aspectos específicos del funcionamiento del SGA.

⊃ **Nivel IV:**

◗ Se compone de toda la documentación adicional que debe formar parte del SGA según la norma ISO 14001 y que no está incluida en los niveles anteriores.
◗ Incluye tanto los registros del SGA que se generan a partir del uso los procedimientos o planes de acción como los registros de auditoría y los registros de formación, entre otros.

Estructura del sistema de gestión ambiental (SGA)

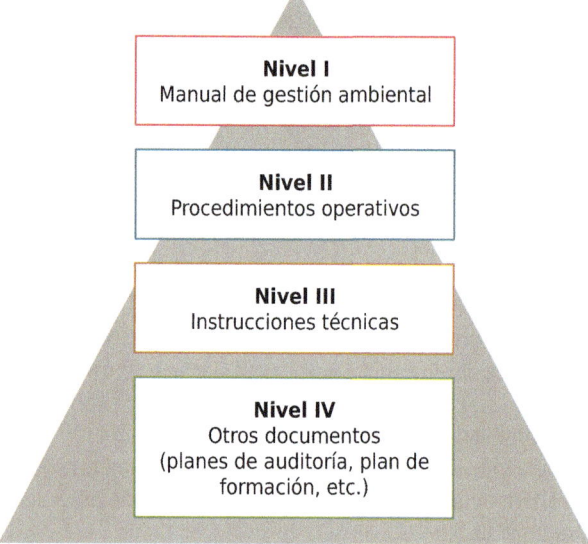

PARA SABER MÁS

Escanea el siguiente QR para acceder a un modelo de sistema de gestión ambiental real.

Continúa en página siguiente >>

<< Viene de página anterior

https://redirectoronline.com/seag00050111

 TAREA 1

Silvia trabaja en una empresa de transporte de mercancías, las cuales suelen tener un gran impacto en el medioambiente debido a las emisiones de gases de efecto invernadero y la contaminación del aire. Un SGA puede ayudar a implementar prácticas de transporte más sostenibles y eficientes. Silvia, como responsable de calidad de la empresa, debe desarrollar la documentación necesaria para implementar un sistema de gestión ambiental (SGA). ¿Puedes ayudar a Silvia esbozando los apartados y contenidos del sistema de gestión medioambiental para que le sea más fácil posteriormente cumplimentarlo?

4.3. Auditorías medioambientales

La auditoría medioambiental (AMA) constituye una parte esencial del sistema de gestión ambiental (SGMA). La dirección evalúa la idoneidad del sistema de gestión ambiental de la empresa para garantizar el cumplimiento de los requisitos normativos y políticas internas. Según la norma ISO 14001 del sistema de gestión, la auditoría del SGMA se define como:

> *Un instrumento de gestión que comprende la evaluación sistemática, documentada, periódica y objetiva de la eficacia de la organización respecto a su sistema de gestión medioambiental y los procedimientos destinados a ello.*

Los objetivos globales de las auditorías medioambientales se recogen en ellos siguientes puntos:

1. El objetivo primordial es determinar si el sistema de gestión medioambiental cumple con las normas y disposiciones establecidas en relación con los objetivos ambientales.

2. Evaluar la gestión de actividades supervisadas y la administración de los recursos naturales del país en términos financieros, económicos y legales para obtener información oportuna que permita evaluar el cumplimiento de las metas establecidas en dicha gestión.

3. Verificar el cumplimiento de las normas y disposiciones relacionadas con la protección del medioambiente y/o la gestión de los recursos naturales. Esto se refiere al manejo de los recursos y a la supervisión del cumplimiento ambiental por parte de terceros, incluyendo entidades con funciones que generan impacto ambiental y aquellas encargadas de aplicar la autoridad en la verificación y vigilancia del cumplimiento ambiental de terceros.

Pasos que seguir en una AMA para llevar a cabo el cumplimiento de los objetivos globales

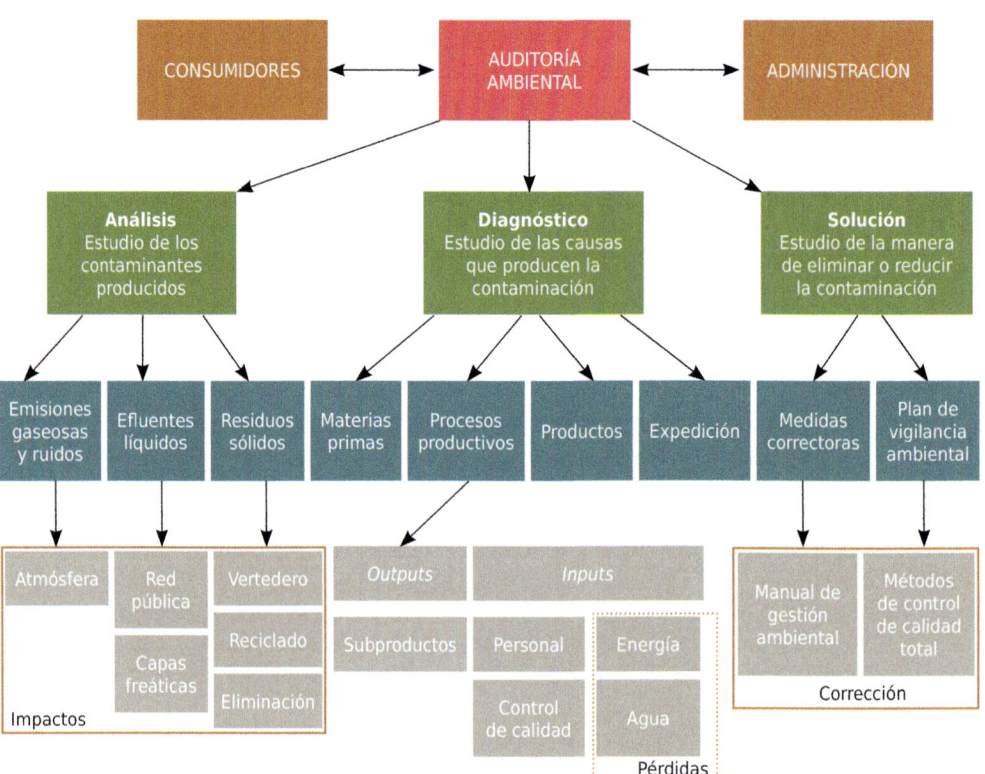

 **VÍDEO**

Escaneando el siguiente QR, podrás descubrir en profundidad qué es una auditoría ambiental y cuál es su importancia.

https://redirectoronline.com/seag00050112

En la mayoría de las empresas se suele considerar que la auditoría es un tipo de análisis. Esto se debe a que el sector medioambiental es relativamente nuevo y ha dado lugar a una proliferación de consultores que, para promocionar sus servicios, suelen ofrecer como primera opción la realización de una auditoría medioambiental. Por consiguiente, y adaptándose a las necesidades específicas de cada tipo de empresa, existen diversos tipos de auditorías disponibles en el mercado:

1. Auditoría medioambiental de producto (AMA de producto)

- Este tipo de auditoría sigue el ciclo de vida completo de un producto, desde su creación hasta su eliminación. Esto permite a las empresas verificar que los productos fabricados cumplen con los criterios predefinidos. Esta auditoría es utilizada en la concesión de la etiqueta ecológica.

2. Auditoría medioambiental de proceso (AMA de proceso)

- Examina el proceso de fabricación de un producto específico y su impacto medioambiental. Se centra en la minimización de los efectos ambientales mediante procesos de producción y tecnologías limpias.

Continúa en página siguiente >>

<< Viene de página anterior

3. Auditoría medioambiental de residuos (AMA de residuos)

- Analiza la gestión de residuos y su conformidad con la legislación. Se utiliza como paso inicial en el diseño e implementación de programas de reducción de residuos. Proporciona información sobre la situación actual para futuras mejoras y comparaciones con el programa establecido.

4. Auditoría medioambiental de vertidos (AMA de vertidos)

- Analiza la gestión y calcula el canon de vertidos. Proporciona información para establecer programas de mejora que reduzcan el condumo de agua, la contaminación y el riesgo asociado a los vertidos.

5. Auditoría medioambiental de emisiones atmosféricas (AMA de emisiones atmosféricas)

- Verifica el cumplimiento de los límites establecidos por la regulación sobre emisiones atmosféricas. Además, ofrece recomendaciones sobre las acciones que tomar en caso de incumplimientos. Sirve para establecer programas de mejora en este ámbito.

6. Auditoría medioambiental de adquisición (AMA de adquisición)

- Evalúa los posibles costos medioambientales asociados con la adquisición de una empresa. Por otro lado, la auditoría de enajenación considera que las actividades que deben cesaro las medidas necesarias para mejorar el impacto medioambiental antes de la venta de una empresa.

5. Resumen

La sensibilización ambiental es crucial en el contexto de la creciente problemática ambiental a la que se enfrenta nuestro planeta:

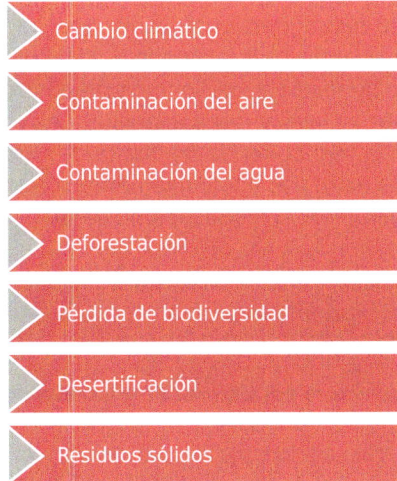

Con el aumento de la contaminación, la pérdida de biodiversidad y el cambio climático, es fundamental que las personas comprendan la urgencia de actuar para proteger el medioambiente.

La educación ambiental desempeña un papel clave en este sentido, al proporcionar conocimientos y conciencia sobre las causas y consecuencias de los problemas ambientales, así como sobre las soluciones y acciones que podemos tomar para abordarlos. Sus principales objetivos son:

En este contexto, las empresas tienen un papel importante que desempeñar en la gestión ambiental. La implementación de prácticas empresariales sostenibles no solo beneficia al medioambiente, sino que también puede generar ventajas competitivas y reputacionales. Las empresas pueden adoptar medidas como la reducción de su huella de carbono, la optimización del uso de recursos naturales y la implementación de políticas de gestión de residuos para minimizar su impacto ambiental.

El sistema de gestión ambiental se estructura comúnmente de forma piramidal siguiendo el siguiente esquema:

Estructura del sistema de gestión ambiental (SGA)

Nivel I
Manual de gestión ambiental

Nivel II
Procedimientos operativos

Nivel III
Instrucciones técnicas

Nivel IV
Otros documentos
(planes de auditoría, plan de formación, etc.)

En resumen, la sensibilización ambiental, la educación ambiental y la gestión ambiental empresarial están intrínsecamente relacionadas. Son fundamentales para abordar los desafíos ambientales actuales y promover un futuro sostenible.

Ejercicios de autoevaluación
Unidad de Aprendizaje 1

1. ¿Cuál es el objetivo fundamental de la sensibilización medioambiental?

    a. Promover el consumo excesivo de recursos naturales.
    b. Concienciar sobre la fragilidad de los ecosistemas y el impacto humano en el medioambiente.
    c. Fomentar la degradación ambiental.
    d. Ignorar los problemas ambientales.

2. ¿Cuál es el principal objetivo de la normativa ambiental europea?

    a. Marcar pautas para la protección del medioambiente en todos los Estados miembros.
    b. Suprimir la degradación ambiental.
    c. Ignorar los problemas ambientales.
    d. Todas las opciones son incorrectas.

3. ¿Qué elementos incluyen los componentes abióticos del medioambiente?

    a. Todos los seres vivos que habitan en un área determinada.
    b. Los elementos físicos y químicos del entorno.
    c. Las actividades humanas que afectan al medioambiente.
    d. Los recursos naturales renovables.

4. ¿Qué es un ecosistema?

    a. El lugar donde viven y se desarrollan los seres vivos.
    b. El estudio de las relaciones entre los seres vivos y el medioambiente.
    c. El espacio constituido por un medio físico y los seres que viven en él.
    d. El lugar donde transcurre la vida.

5. El objetivo principal de la legislación sobre aguas continentales y marinas es...

    a. ... regular la gestión de residuos sólidos en los océanos.
    b. ... proteger la calidad del agua en ríos, lagos y océanos.
    c. ... proteger la calidad del agua de las empresas.
    d. ... regular el uso de agua de las empresas.

6. ¿Cuál es el principal problema que aborda la Ley 7/2021?

    a. La conservación de la biodiversidad.
    b. La gestión de residuos sólidos.
    c. El cambio climático y la transición energética.
    d. La urbanización descontrolada.

7. Indica las etapas en las que se fundamenta la norma ISO 14001.

    a. Planificar, Hacer, Actuar y Verificar.
    b. Realizar, Proteger, Actualizar y Verificar.
    c. Proteger, Planificar, Verificar y Prevenir.
    d. Todas las opciones son incorrectas.

8. ¿Qué implica la normativa ambiental estatal?

    a. Adaptar las leyes europeas a la legislación nacional.
    b. Establecer regulaciones adicionales que no son de obligatorio cumplimiento.
    c. Regular los aspectos específicos o complementar las normativas europeas.
    d. Ignorar las leyes ambientales.

9. ¿Qué es el hábitat?

    a. El lugar donde viven y se desarrollan los seres vivos.
    b. El lugar donde se lleva a cabo las acumulaciones de basura y residuos plásticos.
    c. El estudio de las relaciones entre los seres vivos y el medioambiente.
    d. El proceso de estudio del desarrollo de los seres vivos.

10. **¿Cuál es la función principal del nivel I en un sistema de gestión ambiental (SGA) según la norma ISO 14001?**

   a. Detallar los métodos y criterios para la implementación efectiva del SGA.
   b. Describir la política ambiental de la organización y documentar responsabilidades.
   c. Ofrecer información detallada sobre aspectos específicos del funcionamiento del SGA.
   d. Generar registros de auditoría y formación del SGA.

Sistemas de gestión medioambiental

Contenido

1. Introducción
2. Identificación del sistema de gestión ambiental
3. Utilización de la normativa. Análisis e interpretación de requisitos
4. Distinción del reglamento europeo de ecogestión y ecoauditoría EMAS
5. Interpretación de otros modelos ambientales
6. Resumen

Objetivos

El objetivo general de esta Unidad de Aprendizaje es:

→ Identificar las diferencias y ventajas de los diferentes Sistemas de Gestión Ambiental, situando las etapas y requisitos para la implantación de un Sistema de Gestión Ambiental.

Los objetivos específicos de esta Unidad de Aprendizaje son:

→ Establecer un sistema de gestión ambiental adecuado teniendo en cuenta las necesidades y recursos disponibles.

→ Familiarizarse con la normativa ambiental relevante a nivel nacional e internacional que afecte a la organización, asegurando el cumplimiento legal en todas las operaciones.

→ Desarrollar una metodología clara y estructurada para la implementación del sistema de gestión ambiental para su evaluación mediante auditorías internas.

→ Identificar oportunidades de mejora en el sistema de gestión ambiental, implementar acciones correctivas y preventivas, y promover una cultura organizacional orientada a la mejora continua.

→ Conocer y evaluar otros modelos y certificaciones ambientales para identificar oportunidades de mejora y diferenciación competitiva.

→ Identificar las diferentes acciones para tratar riesgos en un SGA.

1. Introducción

Hoy en día, la gestión medioambiental ha emergido como una preocupación primordial tanto para las empresas como para las instituciones gubernamentales y la sociedad en su conjunto. La creciente conciencia sobre los efectos del cambio climático, la pérdida de biodiversidad y la degradación ambiental ha impulsado la necesidad de adoptar prácticas empresariales sostenibles y responsables. En este contexto, los sistemas de gestión medioambiental (SGA) han adquirido una importancia significativa como herramientas fundamentales para abordar y gestionar los impactos ambientales de las actividades humanas.

Fabián, empleado en la asesoría que Mariola contrató para la implantación de un SGA en su empresa, es el experto en sistemas de gestión medioambiental. Será la persona encargada de guiar a Mariola durante esta trayectoria. En este proceso descubriremos los medios para manejar, instaurar y defender los elementos para lograr llevar a cabo estos propósitos de forma exitosa.

2. Identificación del sistema de gestión ambiental

 HILO CONDUCTOR

Para que la empresa de Mariola construya una base sólida, Fabián debe, en primer lugar, identificar los pilares de un sistema de gestión medioambiental, como por ejemplo las normas en las que se base, el proceso de instauración y el seguimiento necesario para que la empresa pueda certificar su compromiso real mediante la acreditación de una auditoria por una entidad competente.

Veamos qué aspectos son los que Fabián ha decidido resaltar en sus primeras fases con Mariola.

Los sistemas de gestión medioambiental son marcos estructurados que permiten a las organizaciones identificar, controlar y mejorar su desempeño ambiental de manera sistemática y continua. Estos sistemas proporcionan un enfoque integral para la gestión de aspectos como la reducción de emisiones, la optimización del uso de recursos naturales, la prevención de la contaminación y el cumplimiento de la legislación ambiental aplicable.

Además, se presentan como una herramienta de adopción voluntaria abierta a todas las organizaciones operativas en cualquier sector económico dentro o fuera de la Unión Europea. Su propósito es permitir para dichas organizaciones es:

> Asumir una responsabilidad tanto ambiental como económica de sus operaciones.

> Mejorar su desempeño ambiental mediante la implementación de prácticas sostenibles.

> Comunicar de manera transparente y efectiva sus logros ambientales a la sociedad en general y a todas las partes interesadas.

IMPORTANTE

Los sistemas de gestión ambiental son herramientas usadas por diferentes organizaciones teniendo en cuenta la prevención y la minimización de los efectos sobre el entorno, a la vez que no comprometen sus beneficios.

Al implementar un SGA, las organizaciones no solo pueden minimizar su huella ambiental, sino también mejorar su reputación, reducir riesgos legales y operativos, y generar eficiencias que impacten positivamente en su rentabilidad y competitividad.

 **VÍDEO**

Escanea el siguiente QR para ver un resumen a grandes rasgos de lo que se entiende por sistema de gestión ambiental: cómo funciona y algunas claves que hay que tener en cuenta cuando se lleva a cabo.

https://redirectoronline.com/seag00050201

2.1. Normativa

Los problemas ambientales han generado la necesidad de adoptar soluciones en diversos niveles. En primer lugar, a nivel individual, se requiere que las personas limiten su consumo y conserven los recursos naturales. En un segundo nivel, las organizaciones deben minimizar la contaminación y mejorar la calidad ambiental de sus actividades, productos y servicios. Finalmente, a nivel gubernamental, las Administraciones públicas deben establecer regulaciones para promover un comportamiento respetuoso con el medioambiente.

En el contexto empresarial, la gestión ambiental implica cumplir con la legislación ambiental vigente, mejorar la protección ambiental y reducir los impactos ambientales de las actividades, servicios y productos. Históricamente, la gestión empresarial se centraba principalmente en aspectos comerciales y de calidad, sin considerar el impacto ambiental. Sin embargo, en la actualidad el medioambiente se ha convertido en un factor competitivo que puede generar beneficios económicos. La implementación de políticas ambientales puede ayudar a reducir costos, generar beneficios y diferenciar a la empresa en el mercado.

Las empresas enfrentan presiones no solo económicas y legislativas, sino también de accionistas, aseguradoras, inversores, trabajadores, clientes y proveedores. Estas presiones han provocado un cambio en la relación entre el medioambiente y la industria, siendo considerado ahora como un factor competitivo que puede generar ingresos adicionales.

En el Estado español, una empresa que decida implantar un sistema de gestión ambiental puede optar por dos caminos, que no son excluyentes:

Norma ISO 14001	Reglamento europeo EMAS (Sistema comunitario de ecogestión y ecoauditoría)
- La norma ISO 14001:2004 es de carácter internacional y está constituida para desarrollar, implementar y mejorar un sistema de gestión ambiental en cualquier tipo de organización.	- Está establecido en el Reglamento Europeo 1221/2009. Se trata de un sistema más riguroso y exigente, específicamente diseñado para empresas y organizaciones que operan dentro de la Unión Europea. Incluye auditorías ambientales obligatorias y la divulgación pública de información sobre el desempeño ambiental.

En resumen, ambas opciones ofrecen herramientas y directrices para que las empresas gestionen sus impactos ambientales de manera efectiva, cada una con sus propias características y beneficios.

Las normas son voluntarias (a diferencia de las leyes, que son de cumplimiento obligatorio). En su elaboración y aprobación participan todas las partes involucradas, como fabricantes, autoridades, sindicatos, consumidores y laboratorios, y son gestionadas por organismos de normalización como AENOR en España. El propósito de la normalización es estandarizar y coordinar varios aspectos de la producción de bienes y servicios, con el objetivo de integrar criterios de calidad, seguridad y protección ambiental.

En la actualidad, existen normas que operan en diferentes niveles:

- **Normas UNE:** aplicables exclusivamente en el ámbito nacional.
- **Normas EN:** aplicables en la Unión Europea.
- **Normas ISO:** de alcance internacional.

Cuando una norma es reconocida en estos tres ámbitos aparecerán las tres denominaciones, además del número de la norma y su nombre.

 **EJEMPLO**

UNE-EN-ISO 14001:2004 Sistemas de gestión ambiental. Requisitos con orientación para su uso.

Cuando un sistema de gestión cumple con los requisitos de una norma específica, se considera normalizado. En el ámbito de la calidad, la norma de referencia es la ISO 14001. Al implementar esta norma, una empresa busca gestionar la calidad de sus productos y servicios. Esto suele implicar el establecimiento de la política de calidad y los objetivos de calidad, así como la planificación, el control, el seguimiento y la mejora continua de la calidad. Uno de los objetivos principales es asegurar la satisfacción del cliente.

 RECUERDA

La certificación de una empresa y su inclusión en el registro EMAS requieren que si sistema de gestión cumpla con todos los aspectos esenciales de la norma UNE-EN ISO 14001. Además, se exige que cumpla con una serie adicional de requisitos, que distinguen entre la norma UNE-EN ISO 14001 y el reglamento EMAS.

2.2. El proceso de diseño e implantación de un sistema de gestión ambiental

Como ya hemos mencionado, el estándar internacional ISO 14001 es de carácter voluntario y aplicable a cualquier tipo de organización, sin importar la dimensión de esta o su actividad, que quiera implementar un sistema de gestión ambiental que se pueda certificar.

Esta norma se centra en crear un compromiso de mejora continua en relación con el medioambiente, con carácter preventivo y proactivo. La norma ISO-14001 no se trata de un texto legal, por lo que no especifica estándares de actuación ambiental, pero sí que exige un compromiso con el cumplimiento de la legislación vigente en materia de medioambiente. Entre todas las ventajas que tiene la norma, la más importante es el hecho de que se pueda integrar con otros sistemas de gestión de una manera fácil, ya que existen normas que permiten la realización de auditorías conjuntas entre diferentes sistemas de gestión. Para que el sistema de gestión ambiental según la norma ISO 14001 se desarrolle convenientemente, es necesario que se cumplan ciertos requisitos, para los que se impone una metodología concreta, dando cierta libertad a las organizaciones.

El diseño e implementación de un **sistema de gestión ambiental** se establece en diferentes fases:

- **Etapa I: compromiso ambiental y planificación del proceso.** Es esencial definir las responsabilidades de las personas involucradas en la implementación del SGA, ya que esto es crucial para el éxito del proceso. Es crucial además la formación de un equipo de trabajo que incluya a miembros de diferentes departamentos de la organización. Contar con asesoramiento externo especializado es recomendable. En todos los casos la dirección de la empresa debe respaldar completamente el proyecto y comprender los objetivos y recursos necesarios para el SGA.
  Una vez completada la preparación, se debe establecer un calendario con plazos aproximados para cumplir con los requisitos del sistema de gestión ambiental.
- **Etapa II: evaluación ambiental inicial.** Otro paso altamente recomendable es realizar una revisión ambiental inicial para identificar los impactos ambientales de las actividades, procesos, productos y servicios de la empresa. Esto puede llevarse a cabo por un equipo interno o consultores externos.
- **Etapa III: implementación del SGA para una implementación exitosa.** Para este fin es fundamental cumplir con los requisitos de la norma ISO 14001. Se deben designar personas responsables del SGA y crear las estructuras necesarias para facilitar su implementación.
- **Etapa IV: certificación del sistema de gestión ambiental.** La certificación del SGA es posible si cumple con los requisitos específicos de la norma. Esta certificación en una validación externa que verifica que la empresa ha implementado con éxito un SGA.
  Para obtener la certificación, el SGA debe tener cierto grado de madurez y contar con registros que demuestren el cumplimiento de los requisitos de la norma. Antes de la certificación, se debe realizar una auditoría interna para identificar posibles áreas de mejora.
  Es importante, además, que la dirección evalúe los resultados de la auditoría y tome las decisiones necesarias en función de ellos.

La implantación de un sistema de gestión ambiental se divide en varias fases organizadas minuciosamente.

 RECUERDA

La norma ISO 14001 es un estándar global que posibilita a las empresas mostrar su compromiso con la conservación del medioambiente. Esto se consigue al gestionar los riesgos ambientales vinculados a sus operaciones, con el fin de:

- Estructurar los aspectos ambientales generados por las actividades de la organización de forma simplificada.
- Promover la prevención y protección del entorno desde una perspectiva socioeconómica.

2.3. Metodología del proceso de implantación de un sistema de gestión ambiental

Para que el sistema de gestión ambiental conforme a la norma ISO 14001 se desarrolle de manera efectiva, es esencial cumplir con varios requisitos, los cuales requieren seguir una metodología específica, permitiendo cierta flexibilidad a las organizaciones.

La empresa debe disponer de:

1. Recursos materiales y humanos adecuados para lograr los objetivos ambientales establecidos.

2. Una estructura organizativa clara, en la cual se definan las funciones y responsabilidades de los puestos relacionados con el medioambiente.
3. Planificación de actividades y mejoras en línea con la política ambiental, así como objetivos y metas ambientales apropiadas.
4. Documentación que detalle la metodología implementada en la organización.

La norma ISO 14001 se basa en el principio de mejora continua, el cual sigue un modelo circular conocido como planificar-hacer-verificar- actuar (PDCA), desarrollado por Walter A. Shewhart y popularizado posteriormente por Edward Deming. Este ciclo, también llamado **ciclo PHVA** en español, se fundamenta en la idea de que los sistemas de gestión ambiental evolucionan y se adaptan con el tiempo.

La implementación de un sistema de gestión ambiental conforme a la norma ISO 14001 y basado en el principio de mejora continua se alinea con este enfoque cíclico, permitiendo ajustes y mejoras continuas en el tiempo.

El **sistema ambiental** fundamentado en la norma **ISO-14001** se estructura en cinco grandes módulos:

➲ **Política ambiental.** Representa una fase inicial en el proceso de implementación del sistema de gestión ambiental. Esta fase se estipula como una declaración formal y pública del compromiso de la empresa con el medioambiente, y es elaborada por la alta dirección de la organización. La redacción de la política ambiental impulsa la implementación del SGA al proporcionar una dirección clara y establecer los principios fundamentales que guiarán las acciones y decisiones ambientales de la empresa.

➲ **Planificación.** Realizar un diagnóstico ambiental implica llevar a cabo un análisis exhaustivo y actualizado de la situación ambiental de la organización. Esto incluye:

1. Identificar impactos ambientales significativos.
2. Detectar los requisitos legales aplicables.
3. Definir objetivos y metas que faciliten la identificación de oportunidades de mejora y acciones prioritarias. Estos objetivos deben estar alineados con la política ambiental establecida por la alta dirección de la organización.

Es fundamental establecer un programa de gestión ambiental para monitorear y alcanzar los objetivos y metas definidos dentro del plazo establecido. Para lograrlo, se deben asignar los recursos económicos y humanos necesarios.

- **Implementación y operación.** La estructura organizativa de la empresa debe definir, documentar y comunicar claramente las responsabilidades y competencias asignadas a las personas involucradas en la implantación y mantenimiento del sistema de gestión ambiental (SGA). Para lograr una implementación conforme a la política ambiental establecida por la organización, se debe proporcionar los siguientes recursos:

  - Técnicos
  - Humanos
  - Económicos

  Es crucial proporcionar formación al personal de la organización para:

  - Evitar posibles impactos ambientales negativos durante la realización de actividades.
  - Facilitar la participación en la aplicación de los documentos del SGA.

  La comunicación en un SGA tiene tres niveles:

  - Interna
  - Externa, a solicitud de las partes interesadas
  - Externa, de manera "voluntaria"

  La documentación es un factor clave en un SGA basado en la norma ISO 14001. Deben estar perfectamente definidos y documentados todos los procesos y procedimientos necesarios para alcanzar los objetivos ambientales establecidos por la organización en su política ambiental. Esta documentación incluye:

  - Manuales
  - Procedimientos
  - Instrucciones técnicas
  - Registros

  El control operacional es otro aspecto importante. Busca supervisar las actividades que generan aspectos o impactos ambientales significativos. El trabajo realizado por proveedores y subcontratistas también puede generar impactos significativos, por lo que es necesario considerarlo.
  El SGA también debe contemplar la identificación de riesgos y emergencias potenciales, con el objetivo de prevenir situaciones de peligro y estar preparado para responder ante emergencias.
- **Control del sistema y corrección de las desviaciones.** Durante esta fase se desarrolla un componente fundamental del sistema de gestión

ambiental (SGA), el cual cobra forma después de la planificación e implementación de la política ambiental.

Es necesario establecer un procedimiento exhaustivamente documentado para monitorear y medir periódicamente las características principales de todas las operaciones y actividades que puedan tener un impacto significativo en el medioambiente.

La auditoría del SGA se lleva a cabo para verificar la conformidad del sistema con los requisitos establecidos por la norma ISO-14001, así como para asegurar el cumplimiento de los requisitos internos de la organización. Durante la implementación de medidas correctivas y preventivas, se buscan corregir todas las desviaciones identificadas durante la auditoría del SGA. Esto puede involucrar situaciones de emergencia o desviaciones en el monitoreo y medición ambiental.

En caso de que se detecte una no conformidad se puede:

◑ Adoptar medidas para minimizar el impacto generado.
◑ Investigar las causas que han llevado a dicha situación.
◑ Implementar acciones correctivas para prevenir la recurrencia.
◑ Definir acciones preventivas para evitar la aparición de nuevos problemas.

Los registros son herramientas que permiten a los responsables del SGA controlar la eficacia y el progreso hacia los objetivos y metas establecidos por la organización. Cada registro debe ser gestionado adecuadamente por la organización.

➲ **Validación y revisión por dirección.** La dirección de la organización debe realizar revisiones periódicas del sistema de gestión ambiental, con un intervalo de tiempo claramente definido y consistente en cada revisión. Este proceso de revisión permite verificar el cumplimiento de los objetivos y metas establecidos por la organización, los cuales se encuentran reflejados en la política ambiental formulada al inicio del proceso.

Además, después de cada revisión, si los objetivos y metas han sido alcanzados de manera satisfactoria, la organización debe establecer nuevos objetivos y metas para la siguiente etapa. Estos nuevos objetivos serán evaluados durante la próxima revisión, y así sucesivamente. Este enfoque refleja el concepto de mejora continua, convirtiendo la implementación del sistema de gestión ambiental en un ciclo constante de mejoras progresivas.

Por lo tanto, la implementación de un sistema de gestión ambiental no es un evento único, sino un proceso cíclico en el que se busca constantemente mejorar y avanzar.

 **DEFINICIÓN**

El Reglamento (CE) n.° 1221/2009 del Parlamento europeo y del Consejo de 25 de noviembre de 2009 define así estos conceptos:

Sistema de gestión medioambiental
Parte del sistema general de gestión, que incluye la estructura organizativa, las actividades de planificación, las responsabilidades, las prácticas, los procedimientos, los procesos y los recursos para desarrollar, aplicar, alcanzar, revisar y mantener la política.

Política medioambiental
Las intenciones y la dirección generales de una organización respecto de su comportamiento medioambiental, expuestas oficialmente por sus cuadros directivos, incluidos el cumplimiento de todos los requisitos legales aplicables en materia de medioambiente, y también el compromiso de mejorar de manera continua el comportamiento medioambiental. Establece un marco para la actuación y la fijación de objetivos y metas medioambientales.

Análisis medioambiental
Análisis global preliminar de los aspectos medioambientales, los impactos ambientales y los comportamientos medioambientales relacionados con las actividades, productos y servicios de una organización.

Programa medioambiental
Descripción de las medidas, responsabilidades y medios adoptados o previstos para lograr los objetivos y metas medioambientales, y los plazos para alcanzarlos.

Objetivo medioambiental
Fin medioambiental de carácter general, que tiene su origen en la política medioambiental, cuya realización se propone una organización y que, en la medida de lo posible, está cuantificado.

- -

 **APLICACIÓN PRÁCTICA**

María, responsable de calidad de una empresa, ha pensado que instaurar un sistema de gestión ambiental en su empresa tendría muchos

Continúa en página siguiente >>

<< Viene de página anterior

beneficios. El primer paso de María será defender en su empresa la importancia de instaurar un compromiso ambiental y llevar a cabo la planificación del proceso.

Tu tarea es indicarle a María los motivos exactos por los que es importante tomar esta decisión en la implementación del sistema de gestión ambiental (SGA).

Solución

La definición de responsabilidades, la formación de un equipo de trabajo multidisciplinario, el asesoramiento externo especializado y el respaldo de la dirección son cruciales para el éxito del SGA por las siguientes razones:

- La participación de diferentes departamentos y expertos externos permite considerar diversas perspectivas y conocimientos especializados, lo que maximiza la eficiencia en la gestión ambiental.
- La definición de responsabilidades asegura que todas las áreas de la empresa estén involucradas en la implementación del SGA, promoviendo una cultura organizativa sostenible.
- El asesoramiento externo especializado puede aportar conocimientos y mejores prácticas que la empresa no posee internamente, mejorando así la efectividad del SGA.
- El respaldo total de la dirección es fundamental para obtener los recursos financieros y humanos necesarios, así como para establecer una visión clara y un compromiso activo con los objetivos ambientales de la empresa.

2.4. La auditoría de certificación

La auditoría ISO 14001 es una evaluación completa, proactiva y crítica de un sistema de gestión ambiental basado en el estándar internacional de ISO. Se lleva a cabo porque la norma misma requiere que el sistema sea examinado con cierta regularidad, para que se certifique que cumple con los requisitos y las condiciones específicos. Debe además proporcionar a la dirección de la empresa la información necesaria para controlar, planificar y revisar las actividades que puedan tener impactos sobre el medioambiente.

Los objetivos de una auditoría ambiental ISO 14001 son variados y abarcan diferentes aspectos, los cuales dependen en gran medida de las particularidades de las actividades, la organización auditada y el entorno en el que opera. Se deben considerar diversos objetivos a lo largo de todas las auditorías.

Aunque hay diferentes tipos de auditorías ambientales según el sector, nivel de riesgo o actividad empresarial, es posible distinguir una serie de fases comunes al ejecutar una:

Inicio y planificación

- La auditoría de Certificación ISO 14001 comienza con un análisis inicial, donde se establecen objetivos, recursos y plazos. Los auditores definen las prioridades y acciones que tomar, involucrnado a todas las áreas de la organización en el suministro de información clave para el desarrollo de la auditoría. Esto incluye la definición de la metodología y equipo auditor, asignación de tareas y responsabilidades, y planificación de la agenda.

Recopilación de datos

- Para evaluar el sistema de gestión ambiental de la organización es crucial recopilar pruebas que confirmen el cumplimiento de los requisitos establecidos por la norma ISO 14001. Durante esta fase, se revisan los siguientes aspectos, documentados o no por la organización:
    - Objetivos de la organización
    - Política ambiental de la organización
    - Documentación elaborada por la organización
- Simultáneamente, el equipo auditor recoge muestras y analiza el nivel de compromiso y eficacia ambiental de la organización en términos jurídicos, legales y operativos.

Comunicación de resultados y elaboración del informe

- En la fase final se deberán comunicar los resultados obtenidos a los responsables y departamentos afectados. Si se detectan deficiencias, la organización debe implementar medidas correctoras. Además, se deberán identificar nuevas oportunidades de mejora y puntos fuertes. Finalmente, estos resultados se plasman en un informe, que deberá incluir observaciones y propuestas de mejora a corto, medio y largo plazo para la compañía.

Fidelizar

- La última etapa consiste en fidelizar a los clientes, es decir, hacer que se sientan bien con el produto adquirido mediante el servicio al cliente. Ellos se convertirán en promotores de lo que han adquirido. En concreto, se convierten en clientes leales y dan publicidad a la empresa mediante el boca a boca.

 **PARA SABER MÁS**

Escanea el siguiente QR para acceder a un documento de introducción a la gestión medioambiental y a los SGMA facilitado por el Ministerio de Transportes y Movilidad Sostenible.

https://redirectoronline.com/seag00050202

3. Utilización de la normativa. Análisis e interpretación de requisitos

☞ **HILO CONDUCTOR**

Una vez analizados con Mariola los conceptos básicos y las etapas de las que se componen la implantación del sistema de gestión ambiental, Fabián pretende, en la siguiente etapa, enfocarse en los aspectos en los que la empresa puede hacer uso y beneficiarse de su instauración, con el fin de que Mariola y su empresa sean autosuficientes en el manejo diario del mismo.

Como ya explicamos con anterioridad, la base del enfoque de un sistema de gestión ambiental se encuentra en este concepto: **planificar, hacer, verificar y actuar (PHVA).** Este modelo proporciona un ciclo iterativo utilizado por las organizaciones para lograr la mejora continua. Se puede aplicar tanto al sistema de gestión ambiental en su totalidad como a cada uno de sus elementos individuales. Se puede describir de la siguiente manera:

Planificar	- Consiste en establecer los objetivos ambientales y los procesos necesarios para generar y ofrecer resultados de acuerdo con la política ambiental de la organización.
Hacer	- Implica la implementación de los procesos según lo planificado.
Verificar	- Se refiere al seguimiento y la medición de los procesos en relación con la política ambiental, incluyendo compromisos, objetivos ambientales y criterios operacionales, y reportar sus resultados.
Actuar	- Implica tomar acciones para la mejora continua, basadas en los resultados obtenidos del proceso de verificación.

Resumen gráfico de las etapas de un sistema de gestión ambiental

Contexto de la organización
- Comprensión de la organización y su contexto
- Comprensión de las necesidades y expectativas de las partes interesadas
- Determinación del alcance del Sistema de Gestión Ambiental
- Sistema de Gestión Ambiental

Mejora
- Generalidades
- No conformidad y acciones correctivas
- Mejora continua

Liderazgo
- Liderazgo y compromiso
- Política ambiental
- Roles de la organización, responsabilidades y autoridades

Actuar — **Planificar** — **Evaluar** — **Hacer** — ISO 14028:2015

Planificación
- Acciones para tratar riesgos
- Objetivos medioambientales

Seguimiento, medición, análisis y evaluación
- Generalidades
- Evaluación del cumplimiento

Auditoría interna
- Generalidades
- Programa de auditoría interna

Revisión por la Dirección

Soporte
- Recursos
- Competencias
- Toma de conciencia
- Comunicación
- Información documentada

Operación
- Planificación y control operacional
- Preparación ante emergencias

SABÍAS QUE...

La norma ISO 14001 tiene los siguientes apartados:

- Sección 4: contexto de la organización
- Sección 5: liderazgo
- Sección 6: planificación
- Sección 7: apoyo
- Sección 8: operación
- Sección 9: evaluación del desempeño
- Sección 10: mejora

3.1. Contexto de la organización

La norma ISO 14001:2015 establece los requisitos para un sistema de gestión ambiental eficaz. Uno de sus elementos esenciales es el "contexto de la organización". Pero ¿qué implica este término exactamente?

En términos simples, el contexto de la organización (apartado 4 de la norma) se refiere a comprender exhaustivamente los factores internos y externos que pueden influir en el desempeño ambiental de una organización.

Al buscar una definición del contexto de la organización en ISO 14001, es probable encontrar algo similar a esto: "ISO 14001 requiere que las organizaciones identifiquen y comprendan los problemas internos y externos que pueden afectar al logro de sus objetivos ambientales".

La versión final de la norma ISO 14001:2015 distingue entre los términos **contexto de la organización** y **contexto ambiental.** El contexto general de la organización se puede clasificar en:

Contexto interno	- Incluye acciones, productos o servicios que puedan afectar al desempeño ambiental.
Contexto externo	- Puede abarcar cuestiones legales, económicas, sociales o políticas.

Continúa en página siguiente >>

<< Viene de página anterior

Contexto ambiental	- Engloba todos los demás aspectos ambientales que puedan afectar al desempeño ambiental de la organización.

Las expectativas de las partes interesadas pueden abarcar requisitos legales y obligatorios, así como expectativas de inversores, clientes, contratos y de la comunidad local, entre otros. Es una práctica recomendable documentar estas expectativas adoptadas por la organización para poder reconocerlas y medir los objetivos establecidos.

La implantación de un sistema de gestión ambiental supone un análisis exhaustivo de la empresa.

Una vez que se haya definido el alcance, es crucial incorporarlo al sistema de gestión ambiental junto con todas las actividades, servicios y productos que la empresa abarque dentro de dicho alcance. Este enlace debe documentarse y estar disponible para todas las partes interesadas teniendo en cuenta los siguientes puntos:

- **Comprensión de la organización y su contexto.** La organización debe identificar todas las influencias externas e internas que afecten a su propósito y su capacidad para alcanzar los resultados esperados en el sistema de gestión ambiental (SGA). Esto incluye todas las condiciones ambientales que pueden afectar o ser afectadas por la empresa.
- **Comprensión de las necesidades y expectativas de las partes interesadas.** La empresa debe determinar:

  - Las partes interesadas relevantes para el SGA.

[69]

◊ Las necesidades y expectativas de todas las partes interesadas.
◊ Las necesidades y expectativas que son relevantes para los requisitos legales y otros requisitos.

➲ **Determinar el alcance del sistema de gestión ambiental.** La organización debe establecer los límites y aplicar el SGA para determinar su alcance. Al establecer el alcance, la empresa debe considerar:

◊ Todas las influencias externas e internas.
◊ Los requisitos legales y otros requisitos.
◊ Las unidades, funciones y límites físicos de la organización.
◊ Las actividades, productos y servicios.
◊ La autoridad y capacidad para controlar e influir.

Una vez definido el alcance, este debe ser integrado en el SGA junto con todas las actividades, servicios y productos pertinentes de la empresa. Este enlace debe ser documentado y estar disponible para todas las partes interesadas.

➲ **Sistema de gestión ambiental.** La norma ISO 14001 ha sido instrumental para lograr los resultados previstos, los cuales se reflejan en la mejora del desempeño ambiental. La empresa debe establecer, implementar, mantener y mejorar continuamente el sistema de gestión ambiental, incorporando los procesos necesarios e interacciones según los requisitos de la norma ISO 14001:2015. Al establecer y mantener este sistema, la organización debe tener en cuenta el conocimiento adquirido en los puntos 4.1 y 4.2.

➲ **Liderazgo y compromiso.** La alta dirección de la empresa debe demostrar liderazgo y compromiso con el sistema de gestión ambiental, lo que implica:

◊ Asumir la responsabilidad y rendir cuentas por la efectividad del sistema de gestión ambiental.
◊ Garantizar que las políticas y objetivos ambientales sean coherentes con la dirección estratégica de la empresa.
◊ Integrar los requisitos del sistema de gestión ambiental en los procesos de negocio.
◊ Asegurar la disponibilidad de recursos para el sistema de gestión ambiental.
◊ Comunicar la importancia de la gestión ambiental eficiente.
◊ Dirigir a todas las personas involucradas en el sistema de gestión ambiental.
◊ Promover la mejora continua.
◊ Apoyar otros roles de liderazgo dentro de la organización.

⊃ **Política ambiental.** La alta dirección debe además establecer, implementar y mantener una política ambiental dentro del alcance del sistema de gestión ambiental. Esta política debe:

◑ Ser apropiada para el propósito y contexto de la organización.
◑ Proporcionar un marco para establecer objetivos ambientales.
◑ Incluir compromisos específicos relacionados con la protección del medioambiente.
◑ Comprometerse con el cumplimiento de requisitos legales y otros requisitos.
◑ Comprometerse con la mejora continua del sistema de gestión ambiental. La política ambiental debe ser documentada, comunicada internamente y estar disponible para todas las partes interesadas.

⊃ **Roles, responsabilidades y autoridades de la empresa.** Otro punto clave para la dirección será asegurarse de que se asignen y comuniquen adecuadamente las responsabilidades y autoridades para los roles pertinentes dentro de la empresa, considerando que el sistema de gestión ambiental cumpla con los requisitos de la norma ISO 14001:2015 y reportar el desempeño del mismo, incluyendo el desempeño ambiental.

 **RECUERDA**

En el apartado del contexto de la organización la empresa o institución deberá determinar principalmente cuáles son las cuestiones **externas e internas** relevantes para llevar a cabo la instauración de un sistema de gestión ambiental.

El objetivo principal del contexto de la organización es brindar a la organización una visión general y conceptual exhaustiva de todos los aspectos, factores y cuestiones que puedan afectar su capacidad para alcanzar sus objetivos medioambientales o satisfacer las necesidades de sus partes interesadas.

NOTA

La Organización Internacional de Normalización (ISO) ha ampliado sus estándares en el ámbito de sistemas de gestión con el objetivo de apoyar y secundar los acuerdos internacionales sobre el clima, presentados en la Declaración de Londres en la lucha contra el cambio climático. Es esta nueva enmienda aprobada el 1 de febrero de 2024 se pretende que las organizaciones y empresas sujetas a la norma tengan en cuenta estas consideraciones a la hora de implementar medidas de mejora sostenible. Esta nueva enmienda afecta a estándares como ISO 14001, ISO 9001, ISO 45001, ISO 50001, ISO 22000, etc.

Las modificaciones llevadas a cabo se recogen en el capítulo 4 de las normas ISO, en particular en el anexo 2 del anexo SL de la parte 1 de las Directivas ISO/IEC.

Los nuevos requisitos son textualmente:

1. Capítulo 4.1: las organizaciones deben comprobar ahora si el cambio climático es relevante para ellas como parte del análisis del contexto: "La organización debe determinar si el cambio climático es un asunto relevante".
2. Capítulo 4.2: las organizaciones deben tener en cuenta los requisitos de las partes interesadas en relación con el cambio climático: "Nota: Las partes interesadas pertinentes pueden tener requisitos relacionados con el cambio climático".

- -

3.2. Planificación

En el requisito de la planificación se establecen todos los objetivos ambientales y los procesos necesarios para lograr resultados alineados con la política ambiental de la empresa. Esta fase, correspondiente con el apartado 6, es fundamental para la implementación exitosa de un sistema de gestión ambiental e incluye **acciones para abordar riesgos y el establecimiento de objetivos medioambientales:**

⮞ **Acciones para tratar riesgos.** En esta etapa, la organización debe establecer, implementar y mantener los procesos necesarios para cumplir con los requisitos establecidos. Dentro del marco del sistema de gestión ambiental, la organización debe identificar posibles situaciones de emergencia, incluyendo aquellas que podrían generar un impacto ambiental. Además, la empresa debe documentar la información sobre sus riesgos, oportunidades y los procesos necesarios.

Para cumplir con este requisito, se deben abordar aspectos como:

◖ La identificación de aspectos ambientales significativos.
◖ El cumplimiento de obligaciones legales y regulatorias.
◖ La evaluación de riesgos asociados con amenazas y oportunidades.
◖ La planificación de acciones para mitigar o aprovechar estos aspectos.

Es importante tener en cuenta que la norma ISO 14001 proporciona pautas para la identificación y evaluación de aspectos ambientales e impactos, pero no especifica métodos específicos. Por lo tanto, cada organización tiene la libertad de elegir su método, siempre y cuando sea objetivo y verificable.

⮑ **Establecimiento de objetivos medioambientales.** Los objetivos ambientales deben reflejar los aspectos ambientales significativos identificados, así como las amenazas y oportunidades detectadas. Además, deben ser congruentes con las capacidades tecnológicas, financieras, operativas y comerciales de la organización. La nueva norma ISO 14001:2015 establece que estos objetivos deben estar alineados con la política ambiental, ser comunicados, monitoreados y, siempre que sea posible, ser medibles y actualizados.

En este punto, se abordan tanto la definición de los objetivos ambientales como la planificación de acciones para alcanzarlos.

 VÍDEO

Escaneando el siguiente QR, se explica con detalle en qué consiste la planificación de un sistema de gestión ambiental.

https://redirectoronline.com/seag00050203

PARA SABER MÁS

Escanea el siguiente QR para conocer más detalles de la estructuración de la norma.

https://redirectoronline.com/seag00050204

TAREA 2

Cristóbal es el gerente de operaciones de una empresa de fabricación de productos electrónicos. La empresa se ha comprometido a mejorar su desempeño ambiental y está considerando la implementación de un sistema de gestión ambiental (SGA) para reducir su impacto en el medioambiente y cumplir con las regulaciones ambientales vigentes.

En este contexto, Cristóbal se encuentra ante el desafío de liderar la planificación y ejecución del SGA en la empresa. Debe identificar los pasos clave que asegurarán una implementación efectiva del SGA y promoverán la sostenibilidad ambiental de la empresa. Uno de los pasos iniciales es identificar diferentes las acciones para tratar riesgos. ¿Puedes ayudar a Cristóbal a identificar los pasos necesarios para conseguir ese objetivo?

3.3. Procesos de apoyo

La norma ISO 14001 establece los requisitos para los sistemas de gestión ambiental en las organizaciones, resaltando la importancia del apartado **Apoyo** (cláusula 7) para el éxito de la implementación y mantenimiento del sistema.

Este apartado aborda aspectos fundamentales como **la provisión de recursos, la competencia del personal, la conciencia ambiental, la comunicación, la documentación y el control de los documentos:**

- **Provisión de recursos.** Es fundamental para implementar y mantener un sistema de gestión ambiental. Esto abarca desde la asignación de personal hasta la adquisición de equipos y materiales, así como la asignación de presupuesto. Es fundamental que la organización asegure que los recursos estén disponibles y sean adecuados para estas tareas.
- **Competencia del personal.** Implica que todos los empleados involucrados en el sistema de gestión ambiental deben contar con la competencia necesaria para desempeñar sus funciones de manera efectiva y contribuir al éxito del sistema. Esto supone identificar las necesidades de formación y desarrollo de habilidades del personal.
- **Conciencia ambiental.** Este apartado supone que la organización garantice que todo el personal entienda la importancia de su contribución al sistema de gestión ambiental y sea consciente de su papel en la prevención de la contaminación y la protección del medioambiente.
- **Comunicación.** La comunicación efectiva es un requisito clave. La organización debe asegurar que haya una comunicación fluida en todos los niveles, tanto internamente como con proveedores, clientes y otras partes interesadas pertinentes. Esta comunicación debe abarcar información sobre los objetivos y metas ambientales, requisitos legales y otros aspectos relevantes del sistema de gestión ambiental.
- **Documentación y control de los documentos.** La organización debe asegurarse de que se desarrollen y mantengan los documentos necesarios para el sistema de gestión ambiental, incluyendo la política ambiental, los objetivos y metas, los procedimientos y los registros. La organización debe establecer un sistema para el control de documentos para garantizar que los documentos relevantes estén actualizados y sean accesibles a las personas adecuadas.

En resumen, el apartado **Apoyo** de la norma ISO 14001 juega un papel fundamental en la implementación y mantenimiento exitoso de un sistema de gestión ambiental eficaz. La provisión adecuada de recursos, la competencia del personal, la conciencia ambiental, la comunicación efectiva, la documentación y el control documental son aspectos clave en este apartado. Al cumplir con estos requisitos, las organizaciones pueden mejorar su desempeño ambiental y demostrar su compromiso con la protección del medioambiente.

3.4. Operación

En la norma ISO 14001:2015, la cláusula 8 aborda la etapa **Operación,** dividida en dos secciones principales: la **8.1 "Planificación y control operacional"** y la **8.2 "Preparación y respuesta ante emergencias":**

1. **Planificación y control operacional.** En esta sección de la norma se especifica que la organización debe identificar, implementar, controlar y mantener todos los procesos necesarios para cumplir con los requisitos del sistema de gestión ambiental y llevar a cabo las acciones identificadas en las secciones 6.1 (Acciones para abordar riesgos y oportunidades) y 6.2 (Objetivos ambientales y planificación para lograrlos). Esto se logra mediante:

   ◊ El establecimiento de criterios operacionales para los procesos
   ◊ La implementación de controles en los procesos de acuerdo con los criterios operacionales establecidos

   La organización debe monitorear los cambios planificados y evaluar las consecuencias de los cambios no planificados, y tomar medidas para abordar las consecuencias no deseadas si es necesario.
   Una modificación significativa es que la organización debe asegurar que los procesos subcontratados estén controlados o influenciados. La naturaleza y el alcance de esta influencia deben definirse dentro del marco del sistema de gestión ambiental ISO 14001:2015.
   Además, en línea con el enfoque del análisis del ciclo de vida, la organización debe:

   ◊ Implementar controles adecuados para garantizar que los requisitos ambientales se consideren en el diseño y desarrollo de productos o servicios en todas las etapas de su ciclo de vida.
   ◊ Establecer requisitos ambientales en la adquisición de productos y servicios.
   ◊ Comunicar los requisitos ambientales relevantes a los proveedores externos, incluidos los subcontratistas.
   ◊ Considerar la necesidad de proporcionar información sobre los impactos ambientales significativos asociados con el transporte, comercialización, uso y disposición final de productos y servicios, entre otros.

   Toda esta información debe documentarse de manera adecuada en el sistema de gestión ambiental.

2. **Preparación y respuesta ante emergencias.** La cláusula sobre preparación y respuesta ante emergencias ha sido detallada con mayor precisión. Establece que la organización debe:

◑ Programar acciones preventivas para evitar o mitigar los impactos ambientales adversos derivados de situaciones de emergencia.
◑ Estar capacitada para responder a las situaciones de emergencia.
◑ Realizar diversas acciones para prevenir o mitigar los impactos ambientales adversos de diferentes situaciones de emergencia.
◑ Verificar periódicamente las acciones preventivas programadas, especialmente después de una emergencia o simulacro.
◑ Proporcionar suficiente información y formación sobre preparación y respuesta ante emergencias a las partes interesadas pertinentes, incluido el personal bajo el control de la organización.

La organización debe documentar esta información. La capacidad para ejercer control o influencia sobre terceros dependerá de las circunstancias. Se puede utilizar un contrato como medio para controlar los impactos de un contratista que realiza actividades en la organización. En algunos casos, el enfoque puede ser controlar las características de los materiales o procesos involucrados, mientras que en otros casos puede ser influir en las organizaciones subcontratadas para mejorar su desempeño y cultura de gestión ambiental.

Aunque la norma ISO 14001:2015 requiere de una perspectiva de ciclo de vida, no proporciona detalles sobre cómo hacerlo. Sin embargo, se pueden tomar medidas para:

◑ Identificar todos los aspectos ambientales significativos en toda la cadena de valor.
◑ Determinar qué aspectos pueden controlarse.

NOTA

Los controles para gestionar los aspectos ambientales pueden adoptar diversas formas, incluyendo controles de ingeniería y procedimientos. Estos controles pueden implementarse siguiendo una jerarquía específica, que puede incluir medidas como la eliminación, la sustitución o medidas administrativas. Además, estos controles pueden ser utilizados de forma individual o combinada, según sea necesario para abordar los riesgos ambientales identificados.

Se deben considerar los siguientes aspectos para llevar a cabo la preparación y respuesta ante emergencias:

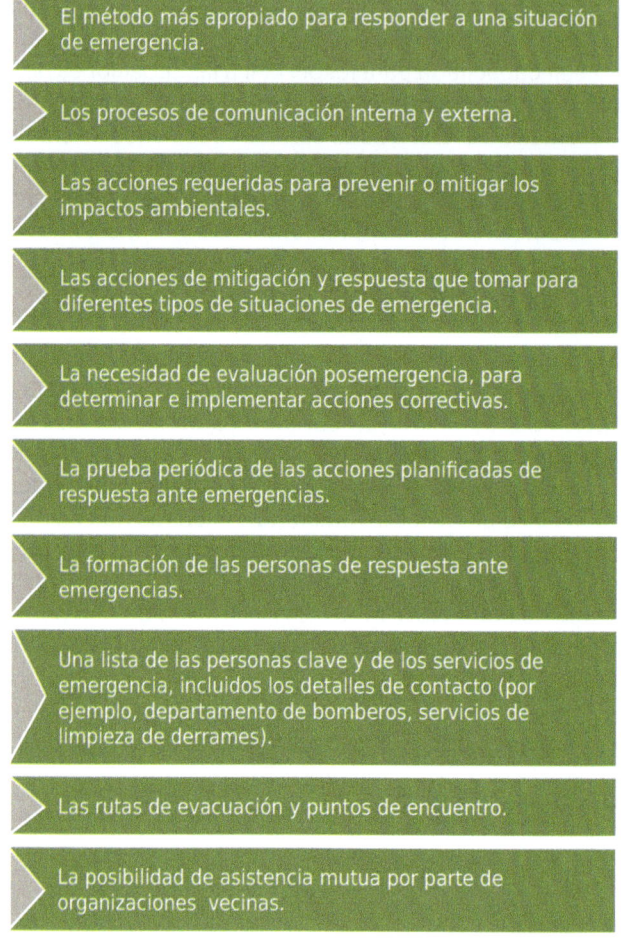

El método más apropiado para responder a una situación de emergencia.

Los procesos de comunicación interna y externa.

Las acciones requeridas para prevenir o mitigar los impactos ambientales.

Las acciones de mitigación y respuesta que tomar para diferentes tipos de situaciones de emergencia.

La necesidad de evaluación posemergencia, para determinar e implementar acciones correctivas.

La prueba periódica de las acciones planificadas de respuesta ante emergencias.

La formación de las personas de respuesta ante emergencias.

Una lista de las personas clave y de los servicios de emergencia, incluidos los detalles de contacto (por ejemplo, departamento de bomberos, servicios de limpieza de derrames).

Las rutas de evacuación y puntos de encuentro.

La posibilidad de asistencia mutua por parte de organizaciones vecinas.

3.5. Evaluación del desempeño

La evaluación del desempeño ambiental es una herramienta esencial que permite a las organizaciones medir su impacto en el medioambiente. Con esta evaluación no solo se trata de cumplir con las regulaciones, sino de avanzar hacia la sostenibilidad real.

El apartado 9 de la norma, denominado "Evaluación del desempeño", incluyen tres cláusulas:

1. **Seguimiento, medición, análisis y evaluación.** Se requiere que la empresa realice un seguimiento minucioso, que mida, analice y evalúe su desempeño ambiental, manteniendo la información debidamente documentada. Es importante que la empresa:

   1. Identifique qué aspectos necesitan ser monitoreados y medidos.
   2. Determine los métodos adecuados para llevar a cabo el seguimiento, la medición, el análisis y la evaluación.
   3. Establezca criterios y seleccione indicadores apropiados para evaluar el desempeño ambiental.
   4. Defina cuándo realizar el seguimiento y la medición, así como cuándo analizar y evaluar los resultados obtenidos. Además, se especifica la necesidad de calibrar y verificar regularmente todos los equipos de seguimiento y medición según corresponda.

   En este punto, la empresa debe evaluar su desempeño ambiental y la eficacia de su sistema de gestión ambiental. La información sobre el desempeño debe comunicarse tanto interna como externamente, de acuerdo con los procedimientos de comunicación establecidos y las exigencias legales aplicables.
   En cuanto a la evaluación del cumplimiento, la empresa debe mantener procesos para evaluar su cumplimiento con los requisitos legales y otros requisitos. Es fundamental que:

   1. Determine la frecuencia de las evaluaciones de cumplimiento.
   2. Evalúe su cumplimiento y tome las acciones correctivas necesarias.
   3. Mantenga el conocimiento y comprensión de su estado de cumplimiento. Además, se debe conservar información documentada como evidencia de todos los resultados de las evaluaciones de cumplimiento.

2. **Auditoría interna.** La empresa deberá continuar realizando auditorías internas en intervalos planificados para obtener información sobre su desempeño y asegurarse de que:

   1. El sistema cumple con los requisitos de la norma ISO 14001:2015 y con los requisitos internos establecidos por la propia empresa.
   2. El sistema se implementa y mantiene de manera efectiva.

   Para ello, en primer lugar, la empresa debe establecer, implementar y mantener uno o más programas de auditoría interna. Estos programas deben especificar la frecuencia, los métodos, las responsabilidades y los requisitos de planificación, así como la elaboración de informes sobre las auditorías internas. Al desarrollar estos programas, la empresa debe tener en cuenta la importancia ambiental de los procesos involucrados, los cambios que puedan afectar a la organización y los resultados de auditorías anteriores.

Es fundamental que la empresa:

1. Defina claramente los criterios y el alcance de cada auditoría.
2. Seleccione a las auditores, de manera que se garantice la imparcialidad del proceso.
3. Asegure que los resultados de las auditorías se comuniquen a la dirección.
4. Documente todo el proceso de auditoría de manera adecuada.

3. **Revisión por la dirección.** La revisión por dirección se enfoca en la evaluación del sistema en intervalos planificados y se deben considerar todas las entradas:

◊ El estado de las acciones previas en cuanto a la revisión por parte de la dirección.
◊ Los cambios en las necesidades de las partes interesadas, los aspectos ambientales significativos, los riesgos y oportunidades, etc.
◊ El grado en que se han conseguido los objetivos ambientales.
◊ La información sobre el desempeño ambiental.
◊ La adecuación de todos los recursos.
◊ Las comunicaciones de las partes interesadas.
◊ Las oportunidades de mejora continua.

Entre las salidas del proceso se debe incluir:

◊ Conclusiones sobre la conveniencia, la adecuación y la eficiencia del sistema.
◊ Decisiones relacionadas con las oportunidades de mejora.
◊ Decisiones llevadas a cabo que se relacionan con necesidades de cambios en el sistema.
◊ Acciones cuando no se hayan conseguido los objetivos.
◊ Las oportunidades para integrar la gestión ambiental entre otros procesos de negocio.
◊ Cualquier implicación para la **dirección estratégica.**

➲ Como en procesos anteriores, se debe **mantener información documentada** al respecto.

CONSEJO

Recomendaciones prácticas para evaluar el desempeño ambiental:

- **Establecer objetivos medibles.** Definir metas específicas para reducir el consumo de recursos, minimizar los residuos y disminuir las emisiones de su organización. Es importante que estos objetivos sean cuantificables y alcanzables.
- **Recopilación de datos precisos.** La precisión de los datos es esencial. Utilizar herramientas de seguimiento confiables para recopilar información sobre el impacto ambiental de su organización garantizará una base sólida para la toma de decisiones informadas.
- **Análisis y evaluación.** Se deben analizar los datos recopilados para identificar áreas de mejora y oportunidades para reducir su huella ecológica. Hay que evaluar el desempeño ambiental de su organización de manera regular para monitorear su progreso hacia los objetivos establecidos.
- **Planificación de mejoras.** Es necesario desarrollar planes de acción concretos para abordar las áreas identificadas para la mejora. Estos planes deben ser específicos, medibles y alcanzables, y deben incluir plazos claros y responsables designados para su implementación.
- **Comunicación y participación.** Se debe involucrar a todos los niveles de la organización en el proceso de mejora ambiental, fomentar la conciencia y el compromiso con la sostenibilidad ambiental y animar a los empleados.

3.6. Mejora continua

La mejora continua es un beneficio fundamental derivado del sistema de gestión ambiental. No solo implica la reducción del impacto ambiental, lo que ya proporciona una ventaja para la empresa, sino que también puede generar un retorno económico de la inversión en ciertas actividades. Al disminuir el uso de recursos naturales, se reducen los costos y se mejora la reputación de la empresa.

Según la norma ISO 14001:2015, la organización debe practicar la mejora continua del sistema de gestión ambiental para avanzar en su desempeño ambiental. La velocidad, el alcance y la duración de las acciones que respaldan esta mejora son elementos clave que determinan su efectividad.

El concepto de *mejora continua* en ISO 14001 se refiere a la necesidad de mejorar sistemáticamente los procesos dentro del sistema de gestión ambiental para lograr mejoras generales. Se espera que todos los procesos sean mejorados constantemente, por lo que la mejora continua se utiliza para planificar, monitorear y realizar mejoras específicas en aquellos procesos identificados como áreas de mejora.

Dos procesos principales para implementar la mejora continua según los requisitos de la norma ISO 14001 son el **establecimiento de objetivos ambientales** y el **pensamiento basado en el riesgo.** Utilizar estos procesos de manera adecuada puede proporcionar importantes beneficios en la mejora continua del sistema de gestión ambiental.

La mejora continua del sistema de gestión ambiental es fundamental para avanzar en el desempeño ambiental de la empresa. Esto implica trabajar constantemente en la idoneidad, adecuación y eficacia del sistema, con el objetivo de alcanzar niveles superiores de sostenibilidad ambiental.

NOTA

En definitiva, en el contexto de las normas ISO, la mejora continua se define como un conjunto de actividades cíclicas destinadas a mejorar la capacidad de la organización para cumplir con los requisitos establecidos. Estos requisitos están vinculados a todas las partes interesadas de la organización, como clientes, autoridades gubernamentales, empleados, entre otros. Las actividades de mejora continua pueden incluir aquellas especificadas por la norma misma, como establecer objetivos, realizar auditorías y revisar el sistema de gestión, así como otras acciones adicionales que la organización pueda llevar a cabo para mejorar su desempeño y satisfacer las expectativas de las partes interesadas.

Hablar de mejora continua implica necesariamente abordar la identificación **de no conformidades y la aplicación de acciones correctivas.** Aunque estas actividades puedan parecer menos destacadas en comparación con otros requisitos de la norma, son fundamentales para asegurar la eficacia de otras herramientas del sistema de gestión. Una gestión deficiente de ambas puede distorsionar el resultado de las auditorías y las revisiones del sistema de gestión realizadas por la dirección. Esto, a su vez, puede llevar a que los objetivos del sistema de gestión establecidos para el siguiente período no sean los adecuados, comprometiendo así el progreso continuo de la organización hacia la mejora de su desempeño y el cumplimiento de sus metas ambientales.

Otro aspecto fundamental en el seguimiento de la mejora continua es el entendimiento del ya mencionado **ciclo de Deming:**

- ⮑ **No conformidades y acciones correctivas.** La norma ISO 14001:2015 elimina la mención explícita a las acciones preventivas, ya que el enfoque preventivo está implícito en todo su desarrollo. Esto se debe al énfasis en el análisis de riesgos.
  En concreto, se establece que, **ante una no conformidad,** la empresa debe:

  1. Reaccionar ante la no conformidad.
  2. Evaluar la necesidad de acciones para eliminar las causas de la no conformidad, con el fin de evitar su recurrencia.
  3. Implementar cualquier acción necesaria.
  4. Revisar la eficacia de las acciones correctivas realizadas.
  5. Realizar cambios en el sistema de gestión ambiental si es necesario.

- ⮑ **Entendimiento del ciclo de DEMING.** La norma internacional ISO 14001 se basa en la **metodología PDCA,** que significa *plan-do-check-act* (planificar-hacer-verificar-actuar). Esta metodología proporciona un marco efectivo para la mejora continua en las organizaciones, lo que conlleva una mejora integral de la competitividad, los productos y los servicios.
  La metodología PDCA se describe brevemente de la siguiente manera:

  1. *Plan* **(planificar).** Se definen las actividades necesarias para lograr el resultado esperado, centrándose en la precisión y cumplimiento de las especificaciones. Se pueden realizar pruebas previas para evaluar los posibles efectos.
  2. *Do* **(hacer).** Se implementan los cambios propuestos para mejorar el proceso. Es recomendable realizar pruebas piloto antes de implementar los cambios a gran escala.

3. *Check* (**verificar**). Después de un periodo determinado, se recopilan y analizan los datos de control para verificar si se han cumplido los requisitos especificados inicialmente y si se ha logrado la mejora esperada.

4. *Act* (**actuar**). Basándose en los resultados obtenidos, se recopila el aprendizaje y se implementan las acciones necesarias. También se pueden identificar recomendaciones y observaciones para volver al paso de planificar y continuar el ciclo de mejora continua.

 EJEMPLO

Los objetivos ambientales son diseñados para guiar las mejorar en los procesos dentro de un sistema de gestión ambiental. Aquí hay un ejemplo de cómo funcionaría en una oficina:

Objetivo: reducir el consumo de papel en la oficina para disminuir la necesidad de recursos naturales y reducir los requisitos de reciclaje.

Meta: reducir el consumo de papel en un 35 % en los primeros 6 meses.

Acciones:

- Establecer la impresión a doble cara como predeterminada en todas las impresoras y computadoras de la oficina dentro de un mes.
- Implementar un *software* en todos los dispositivos para visualizar documentos en pantalla en lugar de imprimirlos.
- Instalar un *software* para que los faxes entrantes se guarden como documentos PDF en línea en lugar de imprimirlos.

Estas acciones están diseñadas para cumplir con el objetivo de reducir el consumo de papen en la oficina y están respaldadas por una meta específica y un plan de acción detallado.

4. Distinción del reglamento europeo de ecogestión y ecoauditoría EMAS

☞ HILO CONDUCTOR

Llegados a este punto, Mariola y su empresa ya conocen las normas de gestión medioambiental. ¿Qué sistema debería elegir una organización entre la norma ISO 14001 y EMAS? La respuesta será dada en este bloque.

Como ya hemos comentado, la norma ISO 14001:2015 y el reglamento europeo EMAS *(eco-management and audit scheme)* son dos de los principales estándares a nivel mundial para la implementación de sistemas de gestión ambiental:

Norma ISO 14001	EMAS
- Establece los requisitos de un sistema de gestión ambiental. Se utiliza ampliamente en todo el mundo como un marco para ayudar a las organizaciones a mejorar su desempeño ambiental.	- Es un sistema comunitario de gestión y auditoría ambiental desarrollado por la Unión Europea que va más allá de los requisitos de la norma ISO 14001, al exigir una mayor transparencia y divulgación pública de información ambiental. Ambos sistemas ofrecen beneficios significativos para las organizaciones que buscan mejorar su gestión ambiental y demostrar su compromiso con la sostenibilidad.

4.1. El marco europeo

El EMAS *(eco-management and audit scheme)* es un sistema establecido por la Unión Europea, conocido como el Reglamento Comunitario de Ecogestión y Ecoauditoría. Este es un mecanismo que reconoce a las organizaciones que han implementado un sistema de gestión medioambiental (SGMA) y se han comprometido con la mejora continua, verificado a través de auditorías independientes.

El EMAS está regulado por el Reglamento (CE) n.° 1221/2009, del Parlamento europeo y del Consejo, de 25 de noviembre de 2009, referido a la participación voluntaria de organizaciones en un sistema comunitario de gestión y auditoría ambientales.

 **PARA SABER MÁS**

Escanea el siguiente QR para conocer con detalle las características de la norma.

https://redirectoronline.com/seag00050205

Las entidades reconocidas con el EMAS, que pueden ser empresas industriales, pymes, organizaciones sin ánimo de lucro o entidades gubernamentales, deben tener una política ambiental definida, implementar un sistema de gestión medioambiental y presentar regularmente informes sobre su desempeño a través de una declaración medioambiental verificada por entidades independientes. Este documento, que se considera un ejercicio de transparencia ante todas las partes interesadas, incluidas las autoridades gubernamentales, refleja el compromiso y esfuerzo de la organización para implementar un sistema de gestión ambiental y cumplir con sus requisitos.

Las organizaciones que adoptan este sistema reciben el logotipo EMAS, que certifica la fiabilidad de la información proporcionada en su declaración ambiental.

4.2. Reglamento EMAS

Como ya hemos visto, el reglamento EMAS se refiere al Reglamento (CE) n.° 1221/2009 del Parlamento europeo y del Consejo, emitido el 25 de noviembre de 2009, que trata sobre la participación voluntaria de organizaciones en un sistema comunitario de gestión y auditoría medioambientales (EMAS).

El reglamento EMAS se estableció en 1993 y ha experimentado varias revisiones a lo largo del tiempo. La primera versión fue el Reglamento 1836/93, introducido por la Comisión Europea como parte de su estrategia para alcanzar el desarrollo sostenible.

En 2001, se llevó a cabo la primera revisión del EMAS, y resultó en la adopción del Reglamento (CE) n.° 761/2001 revisado, también conocido como EMAS II.

La segunda revisión del reglamento EMAS se realizó en 2009. El Reglamento (CE) n.° 1221/2009 se publicó el 22 de diciembre de 2009 y entró en vigor el 11 de enero de 2010.

En 2017, se realizaron modificaciones en los anexos I, II y III del reglamento EMAS, incorporando cambios relacionados con la norma ISO 14001:2015, a través del Reglamento (UE) 2017/1505.

En 2019, se modificó el anexo IV del reglamento EMAS mediante el Reglamento de la Comisión de la UE 2018/2026, lo que supuso una actualización de los indicadores básicos del reglamento EMAS.

Implantar el reglamento EMAS ofrece numerosos beneficios para las organizaciones:

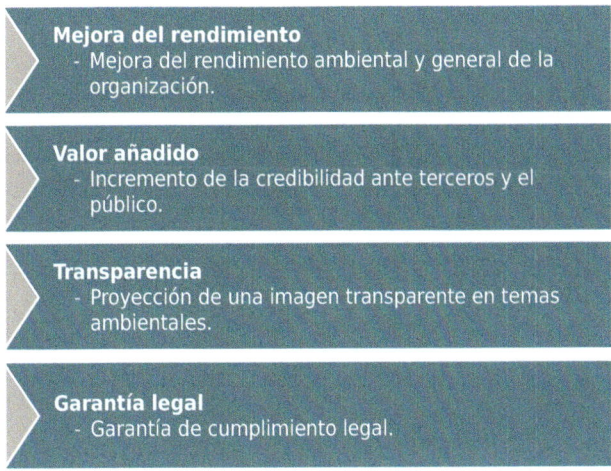

Mejora del rendimiento
- Mejora del rendimiento ambiental y general de la organización.

Valor añadido
- Incremento de la credibilidad ante terceros y el público.

Transparencia
- Proyección de una imagen transparente en temas ambientales.

Garantía legal
- Garantía de cumplimiento legal.

Continúa en página siguiente >>

<< Viene de página anterior

Implicación del personal
- Implicación de los empleados en cuestiones ambientales.

Reducción de costes
- Reducción de costos mediante la optimización de la gestión ambiental y la reducción de consumos.

Minimización de riesgos
- Minimización de riesgos ambientales y posibles sanciones económicas.

Ventajas competitivas
- Ventaja competitiva frente a otras organizaciones.

Evolución empresarial
- Avance en la responsabiilidad social empresarial.

Protección del medioambiente
- Contribución a la protección del medioambiente y al desarrollo sostenible.

RECUERDA

El propio reglamento EMAS define *organización* como:

Una compañía, sociedad, empresa, autoridad o institución situada dentro o fuera de la comunidad, o una parte o combinación de ellas, esté o no constituida en sociedad, sea pública o privada, que tenga sus propias funciones y administración.

4.3. Objeto y campo de aplicación

El propósito del reglamento EMAS es fomentar mejoras continuas en el desempeño ambiental de las organizaciones mediante la implementación de un sistema de gestión ambiental, la evaluación de su funcionamiento, la divulgación de información sobre su desempeño ambiental, el diálogo abierto con el público y otras partes interesadas, así como la participación activa del personal.

Este reglamento es una herramienta adicional que se suma a las políticas de la Unión Europea para lograr el desarrollo sostenible.

Las organizaciones registradas en el EMAS se comprometen a reducir su impacto ambiental de manera integral, abordando todos los aspectos que inciden en el medioambiente, desde la reducción de consumos hasta la gestión de residuos y otros impactos ambientales.

En resumen, el reglamento EMAS ofrece un marco que permite a las empresas y otras organizaciones evaluar, informar y mejorar su desempeño ambiental.

SABÍAS QUE...

En España, más de 1.000 empresas están registradas según los datos proporcionados por la Comisión Europea. La mayoría de ellas son de tamaño pequeño y mediano, mientras que el 22 % son grandes empresas, que incluyen firmas del sector energético, transporte y centros hospitalarios.

- -

Para obtener la certificación y el Registro EMAS, las organizaciones deben seguir varios pasos:

1. Realizar una revisión o diagnóstico medioambiental.
2. Identificar los impactos ambientales de sus actividades.
3. Identificar las obligaciones medioambientales pertinentes.
4. Implantar una política medioambiental.
5. Definir un plan de acción para reducir los impactos ambientales.
6. Establecer un sistema de gestión medioambiental. Puedes encontrar más información sobre los sistemas ISO 14001 en este artículo.
7. Establecer procedimientos para evaluar y controlar el comportamiento medioambiental y alcanzar los objetivos establecidos.
8. Realizar auditorías medioambientales internas, que deben llevarse a cabo dentro de un ciclo de auditoría de no más de tres años, aunque el reglamento EMAS ofrece excepciones para las organizaciones pequeñas.
9. Evaluar periódicamente el cumplimiento de los objetivos establecidos.

10. Presentar una declaración pública de su comportamiento medioambiental, que incluya indicadores obligatorios y los resultados obtenidos en relación con los objetivos, así como las acciones para lograr la mejora continua.
11. Verificación independiente por parte de un verificador autorizado del reglamento EMAS.
12. Proceder al registro por parte de un organismo competente.

Las empresas y organizaciones que optan por el relgamento EMAS se comprometen a disminuir el impacto ambiental generado por todas sus operaciones.

La responsabilidad del registro de las organizaciones que se adhieren al reglamento EMAS recae en el organismo nacional competente de cada país.

 **PARA SABER MÁS**

Escanea el QR para conocer cuáles son las organizaciones registradas en el EMAS.

https://redirectoronline.com/seag00050206

4.4. Requisitos generales

El reglamento EMAS establece requisitos específicos para obtener la certificación:

- **Análisis ambiental.** Llevar a cabo un análisis ambiental exhaustivo de todos los aspectos de la actividad que tengan un impacto en el medioambiente, siguiendo los requisitos especificados en los anexos I y II del Reglamento (UE) 2017/1505 de la Comisión.
- **Desarrollar e implantar un SGA.** Basándose en los resultados del análisis ambiental, desarrollar e implementar un sistema de gestión ambiental que cumpla con todos los requisitos establecidos tanto en la sección A (requisitos de la norma ISO 14001:2015) como en la sección B (requisitos adicionales EMAS) del anexo II del Reglamento (UE) 2017/1505 de la Comisión. Además, se deben considerar, cuando estén disponibles, las mejores prácticas de gestión ambiental para el sector específico al que hace referencia el artículo 46 del Reglamento (CE) 1221/2009, también conocido como "Reglamento EMAS III".
- **Auditoría interna.** Llevar a cabo una auditoría interna de acuerdo con los requisitos establecidos en el punto A.9.2 del anexo II y en el anexo III del Reglamento (UE) 2017/1505 de la Comisión.
- **Declaración medioambiental.** Preparar una declaración medioambiental conforme al anexo IV del Reglamento EMAS III (modificado por el Reglamento UE 2018/2026 de la Comisión). Además, cuando se disponga de documentos de referencia sectoriales según lo establecido en el artículo 46 del mismo reglamento para un sector específico, la evaluación del comportamiento medioambiental de la organización tendrá en cuenta dicho documento.
- **Mejora continua y verificación externa.** Mejora continua del comportamiento medioambiental de la organización y verificación del comportamiento por parte de un verificador autorizado.
- **Presentación de la declaración medioambiental.** Presentar la declaración validada al órgano competente designado por la comunidad autónoma o ciudad autónoma, en el caso del Estado español, en materia medioambiental, garantizando su disponibilidad gratuita al público.

NOTA

El reglamento EMAS está abierto a organizaciones de todos los sectores económicos, no tiene limitaciones en este sentido. Según datos de octubre de 2021, se han registrado un total de 3887 organizaciones y 12.022 centros en el EMAS.

Recientemente, la Comisión Europea llevó a cabo la vigésimo segunda reunión del Comité y el Grupo de Expertos del reglamento EMAS de forma virtual el 25 de noviembre de 2021. Durante esta reunión se discutieron varios temas importantes, como el uso del muestreo para los registros en múltiples sitios, soluciones digitales para la gestión medioambiental, la actualización de la guía del usuario y las posibles sinergias de EMAS con otras iniciativas políticas de la UE.

NOTA

Escanea el QR para encontrar toda la información sobre los pasos que seguir para el registro en el reglamento EMAS.

https://redirectoronline.com/seag00050207

4.5. Relación entre la normativa ISO 14001 y el reglamento EMAS

En primer lugar, es importante destacar que la norma UNE-EN ISO 14001 tiene alcance internacional, mientras que el reglamento EMAS está oficialmente aplicado en los Estados miembros de la UE.

Aunque ambas normativas comparten similitudes en gran parte de sus contenidos, la implementación del EMAS implica la adopción de requisitos adicionales.

En general, en comparación con los sistemas de gestión basados en la norma UNE EN ISO 14001, el reglamento EMAS presenta más ventajas que desventajas. Su principal fortaleza radica en su carácter legalmente vinculante, lo que implica un cumplimiento más estricto de la legislación aplicable a la organización en comparación con la norma ISO 14001, que también requiere un compromiso con el cumplimiento legal.

En general, ambas normas, ISO 14001 y EMAS, comparten el objetivo de fomentar prácticas empresariales sostenibles y responsables en términos ambientales. Sin embargo, EMAS se distingue por ser más riguroso en sus requisitos y transparente, al requerir auditorías medioambientales externas y la divulgación pública de información sobre el desempeño ambiental de la organización.

 ACTIVIDAD COMPLEMENTARIA

2. Busca en fuentes externas qué tipo de empresas eligen instaurar una norma u otra.

Implantar el reglamento EMAS ofrece numerosos beneficios para las organizaciones. Las diferencias más notables entre ISO 14001 y EMAS son:

◔ **Alcance geográfico:**

   ◍ ISO 14001: es una norma internacional que puede ser implementada por organizaciones en cualquier parte del mundo, independientemente de su ubicación geográfica.
   ◍ EMAS: está dirigido específicamente a organizaciones dentro de la Unión Europea (UE) y, por lo tanto, su alcance geográfico se limita a los países miembros de la UE.

◔ **Revisión ambiental:**

   ◍ ISO 14001: requiere que las organizaciones realicen una revisión ambiental inicial para identificar aspectos ambientales significativos.
   ◍ EMAS: además de la revisión ambiental inicial, exige una evaluación periódica y sistemática del desempeño ambiental de la organización.

◔ **Declaración ambiental:**

   ◍ ISO 14001: no requiere la publicación de una declaración ambiental, aunque algunas organizaciones pueden optar por hacerlo voluntariamente.
   ◍ EMAS: obliga a las organizaciones a publicar una declaración ambiental que informe al público sobre su desempeño ambiental, incluyendo datos de indicadores clave y resultados de auditorías.

⊃ Aplicabilidad sectorial:

◊ ISO 14001: es aplicable a organizaciones de cualquier sector industrial o comercial, sin restricciones específicas sobre el tipo de actividad.
◊ EMAS: aunque es aplicable a una amplia gama de sectores, algunas industrias específicas pueden tener requisitos adicionales de acuerdo con los anexos de EMAS.

⊃ Ámbito de aplicación:

◊ ISO 14001: se centra en la gestión ambiental interna de una organización, incluyendo aspectos como políticas, objetivos y procesos.
◊ EMAS: además de la gestión ambiental interna, también aborda la comunicación externa, la participación pública y las relaciones con partes interesadas.

⊃ Cumplimiento legal:

◊ ISO 14001: no garantiza el cumplimiento legal por sí sola, aunque ayuda a las organizaciones a identificar y cumplir con los requisitos legales y regulatorios aplicables.
◊ EMAS: exige el cumplimiento total de todos los requisitos legales y reglamentarios relevantes, incluida la verificación por parte de un organismo acreditado.

⊃ Auditorías:

◊ ISO 14001: requiere auditorías internas regulares para evaluar el cumplimiento del sistema de gestión ambiental.
◊ EMAS: además de las auditorías internas, exige la realización de auditorías externas independientes para verificar el cumplimiento de los requisitos de EMAS.

⊃ Mejora continua:

◊ ISO 14001: promueve la mejora continua del desempeño ambiental a través del establecimiento de objetivos, seguimiento y revisión.
◊ EMAS: fomenta la mejora continua mediante la revisión periódica y la actualización del sistema de gestión ambiental, así como la participación activa de las partes interesadas.

RECUERDA

La norma ISO 14001:2015 es una norma creada por la Organización Internacional de Estandarización, mientras que el reglamento EMAS es una solución adoptada por la Unión Europea.

5. Interpretación de otros modelos ambientales

☞ HILO CONDUCTOR

El armazón principal de los SGA ha sido explicado en unidades anteriores. Con eso Fabián se da por satisfecho, pero no quiere dejar en el tintero otros modelos ambientales. Veamos de cuáles se trata.

Integrar y comprender diversos modelos ambientales es esencial para el desarrollo sostenible y la responsabilidad empresarial. La interpretación de modelos como el *marketing* ecológico y la biodiversidad, entre otros, no solo enriquece las prácticas comerciales, sino que también contribuye a la preservación del medioambiente y al bienestar de la sociedad en su conjunto. En esta introducción, exploraremos cómo la interpretación de estos modelos no solo impulsa la eficacia empresarial, sino que también promueve una mayor armonía entre las actividades humanas y el entorno natural.

5.1. Biodiversidad

La biodiversidad es esencial para la supervivencia humana en la tierra. Gestionada de manera sostenible, proporciona una amplia gama de recursos y servicios vitales. Además de su valor intrínseco, está estrechamente vinculada a la salud, el bienestar y el desarrollo socioeconómico. Su conservación y uso sostenible son fundamentales para abordar desafíos globales como el cambio climático. Avanzar hacia una economía verde y un desarrollo sostenible requiere proteger la biodiversidad y reconocer la importancia de los servicios ecosistémicos para el bienestar humano. Este esfuerzo debe ser colectivo, global e inclusivo, involucrando a todos los sectores y actores sociales.

 **DEFINICIÓN**

Diversidad biológica o biodiversidad
Variabilidad de organismos vivos de todas las clases, incluida la diversidad dentro de las especies, entre las especies y de los ecosistemas.

El modelo ambiental de biodiversidad se centra en la conservación y gestión sostenible de la variedad y la variabilidad de los seres vivos y los ecosistemas en la tierra. Este modelo reconoce la importancia fundamental de la biodiversidad para la salud del planeta y el bienestar humano, así como para la estabilidad de los ecosistemas y el funcionamiento de los servicios ecosistémicos.

El desarrollo de este modelo implica varias **acciones** clave:

Conservación de ecosistemas
- Promover la protección de hábitats naturales, como bosques, humedales, arrecifes de coral y praderas, que son hogar de una gran diversidad de especies.

Restauración de ecosistemas degradados
- Recuperar áreas degradadas o destruidas mediante la reforestación, la restauración de humedales, la rehabilitación de tierras agrícolas abandonadas y otras técnicas de restauración ecológica.

Gestión sostenible de recursos naturales
- Fomentar prácticas de manejo sostenible de recursos naturales, como la pesca, la agricultura, la silvicultura y la minería, para garantizar la conservación de la biodiversidad y el uso responsable de los recursos.

Continúa en página siguiente >>

<< Viene de página anterior

Protección de especies en peligro de extinción
- Adoptar medidas para proteger y recuperar especies amenazadas y en peligro de extinción, incluyendo la creación de áreas protegidas, los programas de reproducción en cautiverio y la implementación de planes de conservación específicos.

Educación ambiental y sensibilización
- Promover la conciencia pública sobre la importancia de la biodiversidad y los beneficios que brinda a la sociedad, así como fomentar la participación activa de la comunidad en la conservación y gestión de la biodiversidad.

Cooperación internacional
- Fomentar la colaboración entre países y organizaciones internacionales para abordar los problemas globales relacionados con la biodiversidad, como el cambio climático, la pérdida de hábitat y la contaminación.

El modelo ambiental de biodiversidad busca proteger, conservar y gestionar de manera sostenible la riqueza natural del planeta, para garantizar un futuro saludable y próspero para las generaciones presentes y futuras.

5.2. *Marketing* ecológico

El **marketing ecológico,** también conocido como *marketing* verde o *marketing* ambiental, se centra en promover productos y servicios que sean respetuosos con el medioambiente. Este enfoque busca satisfacer las necesidades del consumidor mientras se minimiza el impacto negativo en el entorno natural.

Aquí hay algunos elementos clave del *marketing* ecológico:

- **Comunicación de beneficios ambientales.** Las empresas resaltan las características ecológicas de sus productos y servicios, destacando cómo contribuyen a la conservación del medioambiente. Esto puede incluir el uso de materiales reciclados, energías renovables y procesos de fabricación sostenibles, entre otros.
- **Educación del consumidor.** El *marketing* ecológico implica educar a los consumidores en la importancia de tomar decisiones de compra responsables y cómo pueden hacerlo. Esto puede realizarse a través de campañas de concienciación, etiquetado ecológico claro y transparente, y contenido educativo sobre prácticas sostenibles.
- **Desarrollo de productos verdes.** Las empresas buscan diseñar productos que minimicen su impacto ambiental en todas las etapas de su ciclo de vida, desde la producción hasta su disposición final. Esto puede incluir el uso de materiales biodegradables, la reducción del embalaje, la optimización de la eficiencia energética y la durabilidad del producto.
- **Posicionamiento de marca sostenible.** Las marcas que adoptan prácticas ecológicas pueden diferenciarse en el mercado al posicionarse como líderes en sostenibilidad. Este enfoque puede atraer a consumidores preocupados por el medioambiente y mejorar la reputación de la marca.
- **Alianzas y colaboraciones.** Las empresas pueden asociarse con organizaciones ambientales, gobiernos y otras empresas para promover iniciativas sostenibles y mejorar su impacto colectivo en el medioambiente. Estas colaboraciones pueden generar sinergias y amplificar los esfuerzos individuales.

En resumen, el *marketing* ecológico busca integrar la sostenibilidad en todas las facetas del negocio, desde el desarrollo de productos hasta la comunicación con el consumidor, con el objetivo de impulsar el cambio hacia un futuro más verde y sostenible.

 **VÍDEO**

Escanea el siguiente QR para acceder a un vídeo en el que se explica con detalle en qué consiste el *marketing* verde o ecológico.

https://redirectoronline.com/seag00050208

5.3. Sellos ambientales, ecológicos, entre otros

Los sellos ambientales, también conocidos como **ecoetiquetas,** certificaciones ecológicas o etiquetas verdes, son distintivos que se otorgan a productos, servicios o empresas que cumplen con ciertos estándares ambientales predefinidos. Estos sellos sirven para informar a los consumidores sobre el impacto ambiental de los productos y facilitarles la toma de decisiones de compra más sostenibles.

Algunas características de los sellos ambientales son:

1. **Criterios ambientales.** Los sellos ambientales suelen basarse en criterios específicos relacionados con aspectos como el uso de recursos naturales, la gestión de residuos, la eficiencia energética, la huella de carbono y el impacto sobre la biodiversidad. Estos criterios pueden variar según la industria y el tiempo de producto o servicio.
2. **Proceso de certificación.** Para obtener un sello ambiental, las empresas deben someterse a un proceso de evaluación y certificación llevado a cabo por organismos independientes o autoridades competentes. Este proceso puede implicar auditorías, análisis de ciclo de vida del producto, verificación de datos y cumplimiento de estándares específicos.
3. **Tipos de sellos.** Existen diversos tipos de sellos ambientales que se adaptan a diferentes sectores y necesidades. Algunos ejemplos incluyen: el **sello de energía verde**, que certifica que la energía proviene de fuentes renovables; la **etiqueta ecológica de la UE,** que se aplica a productos con bajo impacto ambiental; el **certificado FSC,** que garantiza la

gestión sostenible de los bosques: y el **sello de agricultura orgánica,** que certifica productos agrícolas cultivados sin pesticidas ni fertilizantes sintéticos.

4. **Transparencia y confianza.** Los sellos ambientales proporcionan a los consumidores información transparente y verificable sobre el desempeño ambiental de los productos y servicios. Esto ayuda a generar a confianza en los consumidores y a fomentar una mayor demanda de productos sostenibles.

5. **Incentivos y reconocimiento.** Obtener un sello ambiental puede ofrecer a las empresas ventajas competitivas, como el acceso a nuevos mercados, el mayor reconocimiento de marca y la preferencia por parte de los consumidores conscientes del medioambiente. Además, puede servir como incentivo para mejorar continuamente las prácticas empresariales y reducir el impacto ambiental.

En general, los sellos ambientales desempeñan un papel importante en la promoción de la sostenibilidad y la responsabilidad ambiental en la cadena de suministro y en el mercado global, al tiempo que empoderan a los consumidores para tomar decisiones informadas y contribuir a un futuro más sostenible.

Existen varios tipos de ecoetiquetas o sellos ambientales que se utilizan para certificar productos y servicios según su impacto ambiental y su cumplimiento de estándares específicos.

Algunos tipos más comunes de ecoetiquetas son:

1. Etiqueta ecológica oficial
- Establecida por autoridades gubernamentales o agencias reguladoras, como la etiqueta ecológica de la Unión Europea (Ecolabel EU), que certifica productos con bajo impacto ambiental en toda la Unión Europea.

2. Certificaciones de gestión sostenible de recursos
- Incluyen sellos como el Forest Stewardship Council (FSC) para productos de madera y papel provenientes de bosques gestionados de forma sostenible, y el Marine Stewardship Council (MSC) para productos del mar provenientes de pesquerías sostenibles.

3. Certificaciones de energía renovable
- Indican que la energía utilizada para la producción o el funcionamiento del producto proviene de fuentes renovables, como el sello de Energía Verde.

Continúa en página siguiente >>

<< Viene de página anterior

4. Etiquetas de eficiencia energética
- Se utilizan para productos como electrodomésticos, iluminación y equipos electrónicos. Indican su eficiencia energética y su impacto en el consumo de energía.

5. Sellos de agricultura orgánica
- Certifican que los productos agrícolas han sido cultivados siguiendo prácticas orgánicas, sin el uso de pesticidas, fertilizantes sintéticos u organismos genéticamente modificados (OGM).

6. Certificaciones de gestión ambiental
- Como la norma ISO 14001, que certifica que una empresa o entidad cumple con estándares internacionales de gestión ambiental.

Ejemplos de ecoetiquetas

Logotipos de un sistema de gestión integrado (SGI) certificado

6. Resumen

El proceso de identificación y establecimiento de un sistema de gestión ambiental dentro de una organización comienza con el reconocimiento de la necesidad de abordar y gestionar sus impactos ambientales. Este reconocimiento puede surgir de la presión regulatoria, las expectativas de los clientes, la preocupación por la sostenibilidad o la ética empresarial, entre otros factores.

Una vez que se reconoce esta necesidad, las organizaciones suelen recurrir a la utilización de normativas y estándares específicos para guiar su proceso de gestión ambiental. Uno de los estándares más ampliamente adoptados es la norma ISO 14001, que proporciona un marco estructurado para el establecimiento, implementación, mantenimiento y mejora continua de un sistema de gestión ambiental.

En el contexto europeo, se destaca el Reglamento Europeo de Ecogestión y Ecoauditoría (EMAS), que va más allá de la normativa ISO 14001 al requerir la realización de auditorías ambientales externas y la publicación de información sobre el desempeño ambiental de la organización. EMAS proporciona un marco más robusto para la gestión ambiental, al exigir un mayor nivel de transparencia y rendición de cuentas.

Las principales semejanzas y diferencias son:

ISO 14001	EMAS
- En la norma ISO 14001 es un estándar internacional que se puede aplicar en todo el mundo. - En la norma ISO 14001 solo sugiere que la realización de una revisión inicial es recomendable para desarrollar el Sistema de Gestión Ambiental y así poder identificar los impactos y aspectos ambientales significativos. - En la norma ISO 14001 no existe ningún requisito de declaración ambiental (no debe confundirse la declaración ambiental con la política ambiental). - Cualquier tipo de organización, independientemente de donde se encuentre situada, puede certificarse mediante la norma ISO 14001. - El estándar internacional ISO 14001 se puede aplicar a todos los sectores de la organización.	- El reglamento EMAS solo puede ser aplicado en organizaciones que participen con los Estados miembros de la Unión Europea. - El reglamento EMAS requiere que se realice una revisión ambiental antes de implantar el reglamento, mientras que la norma solo se refiere a dicha revisión. - El reglamento EMAS requiere que se realice una declaración ambiental, que debe quedar disponible para todas las personas que desee verla. Dicha declaración tiene que ser verificada por un organismo externo que asegure su fiabilidad. Sin embargo, la norma ISO 14001 no exige la elaboración ni la divulgación de una declaración ambiental pública, aunque sí requiere que la organización mantenga información documentada sobre su desempeño ambiental y la ponga a disposición de las partes interesadas cuando sea apropiado.

Continúa en página siguiente >>

<< Viene de página anterior

ISO 14001	EMAS
- En la norma ISO 14001 solo se dice que tiene que haber un compromiso de cumplir con la legislación ambiental vigente. - En la norma ISO 14001 no especifica la frecuencia, nos dice que se deben realizar a intervalos planificados. - El estándar internacional ISO 14001 establece que un SGA tiene que fomentar la utilización de la tecnología más avanzada, siempre que sea apropiado y viable económicamente para la organización.	- Pero con el reglamento EMAS solo pueden hacerlo las empresas que se encuentren dentro de los Estados miembros de la Unión Europea. En primera instancia, el reglamento EMAS era aplicable solo al sector industrial (explotación de canteras, manufacturación, electricidad, residuos sólidos y líquidos, minería y suministro de luz y agua), pero desde entonces fue aumentando las fronteras y hoy en día se incluyen las industrias de servicio y los gobiernos locales. - El reglamento EMAS propone que la empresa debe cumplir con todos los requisitos relevantes relacionados con el medioambiente. - El EMAS decreta que la auditoría del sistema de gestión ambiental y la actuación ambiental que debe llevarse a cabo, y se realiza cada 3 años. - El reglamento EMAS establece que la política ambiental tiene que incluir un compromiso de mejora continua durante la actuación ambiental que se esté llevando a cabo, con el objetivo de reducir los impactos a niveles que no excedan los correspondientes a una aplicación económicamente viable utilizando la mejor tecnología existente.

Además de estos sistemas de gestión, existen otros modelos ambientales que pueden complementar o enriquecer las prácticas de gestión ambiental de una organización, por ejemplo, la consideración de la biodiversidad en las operaciones empresariales, el uso de estrategias de *marketing* ecológico para promover productos y servicios respetuosos con el medioambiente, y la búsqueda de certificaciones o sellos ambientales que reconozcan el compromiso de la organización con la sostenibilidad.

La interpretación y aplicación de estos modelos pueden ayudar a una organización a adoptar enfoques más holísticos y sostenibles hacia la gestión de sus impactos ambientales, lo que a su vez puede conducir a beneficios económicos, sociales y ambientales a largo plazo.

Ejercicios de autoevaluación
Unidad de Aprendizaje 2

1. Indica si las siguientes oraciones son verdaderas o falsas en cuanto al diseño e implementación de un sistema de gestión ambiental:

a. Es esencial definir las responsabilidades de las personas involucradas en la implementación del SGA para el éxito del proceso.

- ■ Verdadero
- ■ Falso

b. La realización de una revisión ambiental inicial es un paso obligatorio en la implementación del SGA.

- ■ Verdadero
- ■ Falso

c. Es fundamental cumplir con los requisitos de la norma ISO 14001 para una implementación exitosa del SGA.

- ■ Verdadero
- ■ Falso

d. La certificación del SGA es posible únicamente si la empresa demuestra cierto grado de madurez y cumple con los requisitos de la norma.

- ■ Verdadero
- ■ Falso

2. ¿Cuál es uno de los aspectos clave en la implementación de un sistema de gestión ambiental?

a. Elaborar una política de *marketing* ambiental.
b. Identificar los riesgos financieros asociados con el medioambiente.
c. Definir y documentar claramente las responsabilidades y competencias.
d. Establecer objetivos únicamente relacionados con el crecimiento económico.

3. En una de las últimas etapas de la auditoría de certificación ISO 14001 se debe...

    a. ... iniciar y planificar.
    b. ... recopilar datos.
    c. ... comunicar resultados y elaborar un informe.
    d. ... fidelizar a los clientes.

4. Dentro del contexto de la comprensión de las necesidades y expectativas de las partes interesadas en el punto de "Contexto de la organización", la empresa debe determinar:

    a. Las partes interesadas relevantes para el SGA.
    b. Las necesidades y expectativas de todas las partes interesadas.
    c. Las necesidades y expectativas que son relevantes para los requisitos legales y otros requisitos.
    d. Todas las opciones son correctas.

5. Elige la opción correcta en relación con la provisión de recursos en un sistema de gestión ambiental.

    a. La asignación de recursos no es fundamental para implementar un sistema de gestión ambiental.
    b. La provisión de recursos abarca desde la asignación de personal hasta la adquisición de equipos, pero no incluye la asignación de presupuesto.
    c. Es fundamental que la organización garantice que los recursos estén disponibles y sean adecuados para tareas relacionadas con el sistema de gestión ambiental.
    d. La provisión de recursos solo se aplica a la adquisición de equipos y materiales, no a la asignación de personal.

6. ¿Cuál de las siguientes acciones se especifica en la sección "Preparación y respuesta ante emergencias" de la norma ISO 14001:2015?

    a. Programar acciones preventivas para evitar o mitigar los impactos ambientales adversos derivados de situaciones de emergencia.
    b. Establecer requisitos ambientales en la adquisición de productos y servicios.

c. Implementar controles adecuados para garantizar que los requisitos ambientales se consideren en el diseño y desarrollo de productos o servicios.
d. Establecer criterios operacionales para los procesos.

7. ¿Cuál de las siguientes afirmaciones es correcta en relación con la auditoría interna en un sistema de gestión ambiental?

a. Las auditorías internas no son necesarias si la empresa ha obtenido la certificación ISO 14001.
b. La empresa no necesita establecer programas de auditoría interna si cumple con los requisitos de la norma ISO 14001.
c. Es fundamental que la empresa establezca, implemente y mantenga uno o más programas de auditoría interna en intervalos planificados.
d. Los resultados de las auditorías internas no necesitan ser comunicados a la dirección de la empresa.

8. Ordena las fases que debe seguir una empresa ante una no conformidad.

a. Reaccionar ante la no conformidad.
b. Evaluar la necesidad de acciones para eliminar las causas de la no conformidad, con el fin de evitar su recurrencia.
c. Implementar cualquier acción necesaria.
d. Revisar la eficacia de las acciones correctivas realizadas.
e. Realizar cambios en el sistema de gestión ambiental si es necesario.

9. ¿Cuál es el significado de la fase "Plan" en la metodología PDCA según la norma ISO 14001?

a. Implementar los cambios propuestos para mejorar el proceso.
b. Definir las actividades necesarias para lograr el resultado esperado, centrándose en la precisión y cumplimiento de las especificaciones.
c. Recopilar y analizar los datos de control para verificar si se han cumplido los requisitos especificados inicialmente.
d. Recopilar el aprendizaje y tomar medidas correctivas según sea necesario.

10. **¿Cuál de los siguientes NO es un beneficio de la instauración de la EMAS?**

    a. Transparencia
    b. Reducción de costes
    c. Mayor burocracia
    d. Protección del medioambiente

Impacto ambiental

Contenido

Objetivos

El objetivo general de esta Unidad de Aprendizaje es:

→ Planificar la implantación, desarrollo y mantenimiento del sistema de gestión medioambiental de la organización asegurando su operatividad.

Los objetivos específicos de esta Unidad de Aprendizaje son:

→ Analizar el impacto ambiental.

→ Identificar fuentes de contaminación.

→ Evaluar impactos ambientales.

→ Identificar normativas y estándares ambientales.

1. Introducción

La preservación del medio hoy en día es un tema crucial en la agenda global, enfocada en la necesidad de abordar y mitigar el impacto negativo de las actividades humanas sobre los ecosistemas naturales. En este contexto, la comprensión y gestión del impacto ambiental se han vuelto fundamentales para las empresas y organizaciones que buscan operar de manera responsable y sostenible. En este aspecto, la identificación de fuentes de contaminación, el análisis de contaminantes, así como su control y minimización, son puntos decisivos para ello.

Otro aspecto destacable en esta lucha se centra en promover una cultura de responsabilidad ambiental en todos los ámbitos de la sociedad, incentivando prácticas sostenibles y la adopción de medidas que contribuyan a la preservación de nuestro planeta para las generaciones futuras.

Para adentrarnos en este concepto analizaremos la situación de la empresa de Mariola, que dentro del plan de instauración del SGA necesita entre otras cosas mejorar su estrategia para mitigar los contaminantes que generan a gran escala.

2. Definición y concepto de impacto medioambiental

👉 HILO CONDUCTOR

Debido a las presiones medioambientales que está sufriendo Mariola por parte de las instituciones, necesita reducir en gran medida el impacto ambiental de su empresa. Fabián estudiará con detalle en esta fase de qué manera repercute negativamente la empresa de Mariola al medioambiente y las cláusulas legales a las que tiene que ceñirse.

El **impacto medioambiental** es entendido como las consecuencias que las acciones humanas, actividades industriales o eventos naturales tienen sobre el medioambiente.

NOTA

El impacto ambiental está regulado por la *Ley 21/2013, de 9 de diciembre, de Evaluación Ambiental.*

El concepto de impacto ambiental es fundamental para comprender cómo nuestras acciones afectan al equilibrio y la salud de los ecosistemas naturales. Cuando llevamos a cabo actividades humanas, como la construcción de infraestructuras, la explotación de recursos naturales, la agricultura intensiva o la producción industrial, generamos efectos que pueden tener consecuencias significativas para el medioambiente.

Estos efectos pueden manifestarse de diversas formas y escalas. Por ejemplo, la deforestación puede resultar en la pérdida de hábitats naturales, la extinción de especies animales y vegetales, la erosión del suelo y la alteración de los ciclos hidrológicos. Por otro lado, la contaminación del aire, agua y suelo, causada por actividades industriales, agrícolas y urbanas, puede tener efectos adversos para la salud humana, la biodiversidad y los ecosistemas acuáticos y terrestres.

Es importante tener en cuenta que el impacto ambiental puede ser tanto local como global, y puede tener consecuencias a corto y largo plazo. Además, las acciones humanas también pueden tener efectos positivos sobre el medioambiente, como la restauración de ecosistemas degradados, la conservación de áreas protegidas y la promoción de prácticas agrícolas sostenibles.

Por otro lado, ciertos eventos naturales, como las fluctuaciones abruptas de temperatura, los catastróficos desastres naturales o los cambios irreversibles en el entorno, como la formación de montañas, también pueden tener un impacto significativo en nuestro medioambiente.

El concepto de *impacto ambiental,* por tanto, nos ayuda a comprender la relación entre nuestras actividades y el estado de salud del medioambiente, y nos insta a adoptar medidas para minimizar los efectos negativos y promover prácticas que contribuyan a la conservación y sostenibilidad de los recursos naturales para las generaciones presentes y futuras.

El impacto ambiental abarca desde la deforestación y el deterioro del suelo causado por la actividad minera hasta los vertidos de petróleo en el mar y la contaminación química en la atmósfera.

2.1. Clasificación y tipos de impacto medioambiental

Existen una variedad de formas en las que las actividades humanas y los fenómenos naturales pueden influir en el medioambiente. Estos impactos pueden variar significativamente en función de su naturaleza y magnitud. Por un lado, algunas acciones pueden tener efectos inmediatos y localizados, mientras que otras pueden tener repercusiones a largo plazo y a una escala más amplia. Además, la magnitud de la acción puede determinar la intensidad del impacto, desde aquellos que tienen consecuencias leves y fácilmente reversibles hasta aquellos que generan cambios significativos y de larga duración en los ecosistemas. Por ejemplo, la construcción de una carretera en un área forestal puede provocar la fragmentación del hábitat y la pérdida de biodiversidad a nivel local, mientras que la deforestación masiva a gran escala puede tener efectos catastróficos en la disponibilidad de agua, el clima regional y la estabilidad de los suelos a nivel regional o incluso global.

Comúnmente los tipos de impacto ambiental se clasifican en:

⊃ **Según el origen o fuente:**

   ◔ **Impacto directo.** Este tipo de impacto ambiental genera alteraciones perceptibles de manera inmediata y directa. Normalmente son fácilmente reconocibles en un corto período de tiempo o de forma instantánea. Por ejemplo, deslizamientos de tierra o el vertido de sustancias tóxicas en un área específica.

◍ **Impacto indirecto.** Este tipo de impacto no se percibe de manera inmediata ni a simple vista. Se trata de efectos que pueden manifestarse gradualmente o de manera menos evidente, pero que pueden tener consecuencias significativas a largo plazo. Estos impactos pueden acumularse con el tiempo y tener efectos perjudiciales significativos en el medioambiente y la salud humana si no se abordan adecuadamente. Por ejemplo, la presencia de sustancias contaminantes en el aire puede ser invisible a simple vista, pero puede tener efectos adversos en la calidad del aire y la salud humana.

➲ **Según la duración:**

◍ **Impacto temporal.** Este tipo de impacto ambiental puede revertirse con el tiempo, permitiendo la recuperación de la zona afectada. Por lo general, tiene una duración limitada, que oscila entre 10 y 19 años. Un ejemplo claro de este fenómeno son las bajas temperaturas que se presentan durante el invierno. Aunque pueden causar daños temporales a la vegetación, con la llegada de la primavera y el cambio de estación, la vegetación tiene la capacidad de recuperarse. Este proceso natural de recuperación es un ejemplo de cómo algunos impactos ambientales pueden ser transitorios y permitir que los ecosistemas vuelvan a su estado original con el tiempo.

◍ **Impacto permanente.** Un impacto ambiental se clasifica como permanente cuando perdura durante más de veinte años y sus efectos son irreversibles. Ejemplos: la caza ilegal y la destrucción de hábitats naturales. Estas actividades pueden tener consecuencias devastadoras para la biodiversidad, provocando la extinción de especies y causando cambios irreparables en los ecosistemas afectados. Una vez que se han eliminado especies clave o se ha destruido el hábitat, puede ser imposible restaurar completamente el equilibrio ecológico original, lo que hace que el impacto sea permanente.

◍ **Impacto acumulativo.** Algunos impactos ambientales tienen la característica de agravarse y acumularse con el tiempo, lo que aumenta su impacto y dificulta su reversión. Un ejemplo claro es el **estrés hídrico,** que se produce cuando la demanda de agua supera la capacidad de suministro sostenible de recursos hídricos en una determinada región. Este problema se agrava por el mal uso y el desperdicio del agua, así como por la sobreexplotación de los recursos hídricos. Otro ejemplo son las instalaciones industriales y comerciales, que pueden generar una serie de impactos ambientales negativos, como la contaminación del aire, el agua y el suelo, y la emisión de gases de efecto invernadero.

◍ **Impacto sinérgico.** Cuando varios impactos interactúan entre sí se conocen como impactos ambientales sinérgicos. Cuando estos impactos ocurren de manera simultánea o en combinación, su efecto nocivo es mucho mayor que la suma de los efectos individuales. Un ejemplo de este tipo de impacto ambiental son los incendios forestales. Estos eventos no solo provocan la destrucción directa de la vegetación y la fauna, sino que también pueden tener efectos secundarios graves, como la liberación de grandes cantidades de gases de efecto invernadero y partículas finas en el aire, la pérdida de biodiversidad, la erosión del suelo y la degradación de la calidad del agua. Además, los incendios forestales pueden aumentar el riesgo de deslizamientos de tierra e inundaciones, especialmente en áreas montañosas y pendientes pronunciadas. Cuando estos impactos se combinan y se refuerzan mutuamente, el resultado es un efecto sinérgico que puede tener consecuencias devastadoras para los ecosistemas, la biodiversidad y las comunidades humanas que dependen de ellos.

◔ **Impacto reversible.** Un impacto ambiental reversible es aquel que puede modificarse y restaurarse a su estado inicial con la implementación de acciones y medidas específicas. Un ejemplo es la recuperación de áreas deforestadas. A través de la reforestación y la restauración de hábitats, es posible restablecer la cobertura vegetal y recuperar la biodiversidad perdida, devolviendo así el área a su estado original.

◔ **Impacto irreversible.** Este tipo de impacto ambiental se caracteriza por su magnitud tan significativa que resulta imposible revertir los daños causados. Un ejemplo claro de este fenómeno son las explotaciones mineras a cielo abierto, que se desarrollan en la superficie del terreno y abarcan cualquier tipo de depósito mineral en diversas formaciones rocosas.

➲ **Según la escala espacial:**

◔ **Impacto local.** Afecta a un área específica y limitada, como la contaminación de un río debido a un vertido industrial.

◔ **Impacto regional.** Se extiende a una región geográfica más amplia, como la desertificación de un área debido a cambios en los patrones de precipitación.

◔ **Impacto global.** Afecta al planeta en su conjunto, como el cambio climático causado por las emisiones de gases de efecto invernadero a nivel mundial.

➲ **Según la naturaleza del impacto:**

◔ **Impacto positivo.** El impacto ambiental se considera positivo cuando tiene como objetivo mejorar y recuperar las zonas naturales, y cuando el resultado beneficia a los ecosistemas sin causar daños adicionales. Ejemplo: el reciclaje, que reduce la cantidad de residuos y la demanda de recursos naturales al reutilizar materiales: la reforestación, que restaura la cobertura vegetal y promueve la biodiversidad; y la adopción de tecnologías limpias, que reducen las emisiones contaminantes y promueven la eficiencia energética. Estas acciones tienen un impacto beneficioso en el medioambiente al contribuir a la conservación de los recursos naturales, la protección de la biodiversidad y la mitigación del cambio climático, entre otros aspectos.

 Impacto negativo. El impacto ambiental negativo se caracteriza por perjudicar los ecosistemas y causar daños al medioambiente. Ejemplos: la destrucción de hábitats naturales, que resulta en la pérdida de biodiversidad y la fragmentación de ecosistemas: la sobreexplotación, que agota los recursos de manera no sostenible y amenaza la viabilidad a largo plazo de los ecosistemas; y la contaminación, que contamina el aire, agua y suelo, afectando la salud de los seres vivos y degradando los ecosistemas. Estas actividades tienen efectos adversos en el medioambiente al causar daños irreversibles a los ecosistemas, reducir la biodiversidad, agotar los recursos naturales y comprometer la calidad de vida de las personas y otras formas de vida en el planeta.

Esta clasificación ayuda a comprender mejor la diversidad de impactos ambientales y facilita su evaluación y gestión adecuada.

🎥 VÍDEO

Escaneando el QR puedes ver un resumen de la definición y clasificación de los impactos ambientales.

https://redirectoronline.com/seag00050301

2.2. Evaluación del impacto ambiental

La **evaluación de impacto ambiental (EIA)** es un proceso técnico-administrativo que examina los posibles efectos significativos que los proyectos pueden tener en el medioambiente antes de su aprobación. Este análisis abarca una amplia gama de factores, como la población, la salud humana, la flora, la fauna, la biodiversidad, la geodiversidad, la tierra, el suelo, el subsuelo, el aire, el agua, el clima, el cambio climático, el paisaje, los bienes materiales (incluido el patrimonio cultural), y la interacción entre estos elementos.

El concepto de evaluación del impacto ambiental se remonta a la Ley Nacional sobre Política Medioambiental, promulgada el 1 de enero de 1970. Esta legislación ha dejado una marca significativa a nivel global en lo que respecta a la planificación y evaluación de proyectos, estableciendo un marco para considerar los efectos ambientales en la toma de decisiones.

Posteriormente surge el concepto de **desarrollo sostenible,** que incorpora al medioambiente como un componente integral de la economía. Se enfatiza la necesidad de una auténtica preocupación por la conservación del entorno y los recursos naturales, reconociendo que, sin esta preocupación, el progreso sostenible y sólido es inalcanzable.

 **IMPORTANTE**

El desarrollo sostenible se caracteriza por ser económicamente viable, socialmente aceptable y técnicamente factible. Este enfoque holístico busca satisfacer las crecientes necesidades de todos los países del mundo, reconociendo la interdependencia entre el bienestar humano, la salud del medioambiente y la viabilidad económica a largo plazo.

Existen dos tipos de evaluación de impacto ambiental; la **ordinaria,** que se lleva a cabo de acuerdo con el procedimiento establecido en los artículos del 33 al 44 de la Ley 21/2013, de 9 de diciembre, de Evaluación Ambiental; y la **simplificada,** que se realiza conforme al procedimiento establecido en los artículos del 45 al 48 de la misma ley:

1. **Evaluación de impacto ambiental ordinaria.** Este tipo de EIA es más detallado y exhaustivo. Se aplica a proyectos de mayor envergadura o que

podrían tener impactos significativos en el medioambiente. Involucra un análisis profundo de los posibles efectos ambientales del proyecto en diversas áreas, como calidad del aire, agua, suelo, biodiversidad, entre otros. Además, suele requerir la presentación de estudios técnicos y la participación de expertos en diferentes disciplinas ambientales. El proceso de evaluación puede ser más largo y complejo, debido a la cantidad de información y análisis necesarios. En este tipo de evaluación, el promotor tiene la opción de solicitar al órgano ambiental que prepare el documento de alcance del estudio de impacto ambiental, que debe ser elaborado en un plazo máximo de tres meses. Esta evaluación culmina con la emisión de la declaración de impacto ambiental, la cual detalla los efectos ambientales del proyecto y las medidas propuestas para mitigarlos.

2. **Evaluación de impacto ambiental simplificada.** Este tipo de EIA se utiliza para proyectos más pequeños o aquellos que se considera que tienen impactos ambientales menores o fácilmente mitigables. A diferencia de la EIA ordinaria, la simplificada implica un análisis menos detallado y puede requerir menos documentación. Generalmente, se centra en los aspectos ambientales más relevantes para el proyecto y puede implicar un proceso de evaluación más rápido y menos burocrático. En este caso, el promotor debe presentar una solicitud de inicio de evaluación ambiental simplificada. Si el órgano sustantivo determina que la solicitud de inicio de evaluación ambiental simplificada no incluye toda la documentación necesaria, requerirá al promotor para que, en un plazo de diez días, presente los documentos requeridos. Este procedimiento concluye con la elaboración del informe de impacto ambiental. Sin embargo, este informe puede determinar que el proyecto requiere una evaluación de impacto ambiental ordinaria si se identifican efectos significativos sobre el medioambiente.

Ambos procedimientos son importantes herramientas para evaluar el impacto ambiental de los proyectos y garantizar una adecuada gestión ambiental en su desarrollo.

Los proyectos que deben someterse obligatoriamente a evaluación de impacto ambiental (EIA) están especificados en el anexo I de la **Ley 21/2013, de Evaluación Ambiental.** Además, aquellos proyectos enumerados en el anexo II de la misma ley deben ser sometidos a una evaluación de impacto ambiental simplificada.

En caso de que la evaluación inicial de un proyecto determine que podría tener efectos negativos en el medioambiente, la Administración procederá a realizar una evaluación ambiental ordinaria. Por otro lado, si se concluye que el proyecto no tendría efectos negativos significativos en el medioambiente, se puede continuar con la tramitación del proyecto.

 PARA SABER MÁS

Para conocer más sobre Evaluación de Impacto Ambiental (EIA), escanea el siguiente QR.

https://redirectoronline.com/seag00050310

 APLICACIÓN PRÁCTICA

Imaginemos el caso de Cristina, una ingeniera ambiental que trabaja para una empresa de construcción que planea desarrollar un proyecto de construcción de un pequeño parque urbano en una zona residencial. Como parte de sus responsabilidades, Cristina debe elaborar una evaluación de impacto ambiental. Para ello, comienza su trabajo recopilando información sobre el sitio propuesto para el parque urbano. También investiga sobre los reglamentos ambientales locales para asegurarse de que el proyecto cumpla con todas las leyes y regulaciones aplicables.

Luego, Cristina procede a identificar los posibles impactos ambientales que el proyecto podría tener en el área circundante. Esto incluye evaluar el impacto en la calidad del aire y del agua, el ruido, la flora y fauna local, así como cualquier impacto socioeconómico en la comunidad. Después de identificar los posibles impactos, Cristina trabajará en la elaboración de medidas de mitigación y la implementación de

Continúa en página siguiente >>

<< Viene de página anterior

estrategias para reducir el ruido y la contaminación del aire durante el proceso de construcción.

Una vez que ha completado su evaluación y ha elaborado un informe detallado, Cristina lo presenta al órgano ambiental correspondiente. Si se identifica que la solicitud no incluye toda la documentación necesaria, el órgano ambiental puede requerir a Cristina que presente los documentos faltantes en un plazo de tres meses.

¿Podrías indicar de qué tipo de evaluación ambiental se trata?

Solución

Se trata de la evaluación e impacto ambiental ordinaria.

Este tipo de evaluación se caracteriza por ser más detallada y exhaustiva. Se aplica a proyectos de mayor envergadura o que podrían tener impactos significativos en el medioambiente. Involucra un análisis profundo de los posibles efectos ambientales del proyecto en diversas áreas, como calidad del aire, agua, suelo, biodiversidad, entre otros. Además, suele requerir la presentación de estudios técnicos y la participación de expertos en diferentes disciplinas ambientales. El proceso de evaluación puede ser más largo y complejo, debido a la cantidad de información y análisis necesarios. La evaluación de impacto ambiental ordinaria culmina con la emisión de la declaración de impacto ambiental, la cual detalla los efectos ambientales del proyecto y las medidas propuestas para mitigarlos.

2.3. Consecuencias del impacto medioambiental

Las consecuencias del impacto ambiental pueden evaluarse considerando diferentes aspectos como la magnitud, la duración, la ubicación y la posibilidad de reversión del daño. Usualmente, se enfoca en los efectos negativos debido a que pueden desequilibrar el ecosistema, lo que genera preocupación en la comunidad científica y los organismos internacionales. Sin embargo, es importante reconocer que también hay consecuencias positivas. Estas ocurren cuando se realizan acciones que contribuyen a restablecer el equilibrio ambiental.

NOTA

Las consecuencias del impacto ambiental abarcan todos los efectos que las actividades humanas y los eventos naturales provocan en el planeta.

Las consecuencias del impacto ambiental se pueden clasificar según **el medio** al que afectan y **la magnitud de sus efectos:**

a. **Consecuencias ambientales:**

♢ **Contaminación ambiental:**

1. **Contaminación del aire.** Este tipo de contaminación se produce principalmente por la emisión de gases y la quema de combustibles fósiles en procesos industriales, transporte y actividades agrícolas. Los contaminantes del aire, como el dióxido de carbono (CO_2), óxidos de nitrógeno (NOx) y partículas en suspensión, pueden tener efectos adversos en la salud humana y en los ecosistemas, lo que contribuye al cambio climático y la degradación atmosférica.

2. **Contaminación del agua.** La contaminación del agua afecta a cuerpos de agua como mares, ríos y lagos. Puede ser causada por vertidos industriales, aguas residuales urbanas, pesticidas agrícolas, derrames de petróleo y otros contaminantes. Estos agentes contaminantes pueden hacer que el agua sea insalubre para el consumo humano y la vida acuática, además de afectar negativamente a los ecosistemas acuáticos y la biodiversidad.

3. **Contaminación del suelo.** La contaminación del suelo se produce por la acumulación de residuos industriales, la disposición inadecuada de basura urbana, el uso excesivo de pesticidas y fertilizantes en la agricultura, la actividad minera y otros procesos humanos. Estos contaminantes pueden afectar a la calidad del suelo, reducir la fertilidad y la productividad agrícola, y contaminar las aguas subterráneas, lo que tiene consecuencias negativas para la salud humana y el medioambiente.

♢ **Calentamiento global.** El calentamiento global es el fenómeno en el que la temperatura de la tierra aumenta gradualmente debido al incremento en la concentración de gases de efecto invernadero en la atmósfera. Este aumento se produce principalmente por la quema de combustibles fósiles para la obtención de energía y por la deforestación.

◑ **Daños en el ecosistema.** Los altos niveles de contaminación en el planeta han alterado el equilibrio natural de los ecosistemas, lo que ha provocado la desaparición de muchas especies y el riesgo de extinción para otras, debido a varios factores:

⇕ La degradación y pérdida de ecosistemas y diversidad biológica.

⇕ Los impactos derivados de los gases de efecto invernadero, como el dióxido de carbono, que conllevan la acidificación de los océanos y el calentamiento global, resultando en temperaturas más altas en la atmósfera y en los océanos.

⇕ La introducción de especies invasoras que compiten con las autóctonas, lo cual reduce su presencia o las lleva al borde de la desaparición.

⇕ El aumento de plagas de insectos que transmiten enfermedades infecciosas y colonizan áreas donde anteriormente no existían o eran poco comunes.

◑ **Agotamiento de los recursos naturales.** Los recursos energéticos no renovables, como el petróleo, el gas natural, el carbón y los minerales metálicos, son fuentes de energía limitadas en el tierra. A medida que la humanidad los utiliza para satisfacer sus necesidades energéticas, estas reservas se van agotando. Este agotamiento se debe a que estos recursos se formaron a lo largo de millones de años a partir de procesos geológicos y biológicos, y no pueden regenerarse en un período de tiempo significativo en relación con el ritmo al que se están consumiendo. La extracción y el uso intensivos de combustibles fósiles y minerales han llevado a una disminución en la disponibilidad de estas fuentes de energía en muchas partes del mundo. Además, la explotación de estos recursos a menudo implica impactos ambientales negativos, como la deforestación, la contaminación del aire y del agua, la degradación del suelo y la pérdida de la biodiversidad.

◑ **Lluvia ácida.** La acidificación es el proceso mediante el cual sustancias ácidas son introducidas en el medioambiente, principalmente a través de emisiones a la atmósfera de óxidos de azufre y nitrógeno, los cuales son mayormente generados por la quema de combustibles fósiles. Estos óxidos, al reaccionar con el vapor de agua presente en el aire, se transforman en compuestos ácidos que son precipitados sobre la superficie terrestre por la lluvia.

◑ **Daños en la capa de ozono.** La disminución de la capa de ozono es el proceso en el cual la concentración y el grosor de la capa de partículas de ozono en la estratosfera se reducen. Este fenómeno es el resultado de un desequilibrio en el balance atmosférico de oxígeno y ozono. Las emisiones de clorofluorocarbonos (CFC), un tipo de hidrocarburo sintético utilizado principalmente como refrigerante, son los principales responsables de este impacto.

b. **Consecuencias en la salud humana.** La contaminación ambiental afecta a los seres humanos de múltiples maneras, alterando nuestra vida diaria y provocando una serie de consecuencias adversas para la salud, tales como:

1. **Enfermedades respiratorias.** La contaminación del aire puede causar enfermedades respiratorias como bronquitis, asma y rinitis, debido a la inhalación de partículas finas y gases nocivos presentes en el aire contaminado.
2. **Enfermedades de la piel.** La exposición a contaminantes químicos en el agua, el aire o el suelo puede desencadenar enfermedades cutáneas como dermatitis y eczema.
3. **Enfermedades cardiovasculares.** La contaminación del aire puede aumentar el riesgo de enfermedades cardiovasculares como la hipertensión arterial, enfermedades cardíacas y accidentes cerebrovasculares, debido a la exposición a partículas finas y gases tóxicos.
4. **Problemas de higiene y acceso al agua potable.** La contaminación del agua puede causar problemas de higiene y dificultar el acceso al agua potable segura, lo que aumenta el riesgo de enfermedades transmitidas por el agua como la diarrea y el cólera.
5. **Trastornos en el desarrollo y daños neurológicos.** La exposición a contaminantes ambientales durante el desarrollo fetal y la infancia puede causar trastornos en el desarrollo y daños neurológicos, lo cual afecta al desarrollo cognitivo y el comportamiento.
6. **Sordera.** La contaminación acústica, como el ruido del tráfico y la industria, puede provocar pérdida de audición y sordera, debido a la exposición prolongada a niveles de ruido excesivos.
7. **Mutaciones genéticas y cáncer.** La exposición a contaminantes químicos y radiación ambiental puede provocar mutaciones genéticas y aumentar el riesgo de desarrollar diversos tipos de cáncer, como el de pulmón, piel y vejiga.

c. **Consecuencias políticas.** Las consecuencias de los efectos de la actividad humana pueden desencadenar conflictos de intereses y polarización dentro de la comunidad. Esto genera la necesidad de una atención y acción inmediatas por parte de los responsables de formular políticas. En este sentido, tanto economistas como científicos juegan un papel crucial, al proporcionar datos, estadísticas y análisis que contribuyen a la toma de decisiones informadas. Su labor ayuda a mejorar la eficiencia en la implementación de políticas públicas destinadas a abordar los desafíos medioambientales y sociales derivados de la actividad humana. Al comprender mejor las implicaciones económicas y científicas de las políticas propuestas, los responsables políticas pueden diseñar estrategias más efectivas para mitigar los impactos negativos y promover el desarrollo sostenible.

 **PARA SABER MÁS**

Si quieres saber más sobre cómo nos afecta el cambio climático, escanea el siguiente QR.

https://redirectoronline.com/adgd366po0201

2.4. Aspecto técnico y legal del impacto medioambiental: los créditos CO_2

Los **créditos de carbono,** también conocidos como **certificados de reducción de emisiones,** son un instrumento financiero y legal utilizado en el ámbito internacional para mitigar el cambio climático y reducir las emisiones de gases de efecto invernadero (GEI). Funcionan como un mecanismo de mercado que incentiva la reducción de emisiones, al permitir que los emisores compren créditos de aquellos que han logrado reducir sus emisiones por debajo de un cierto nivel objetivo.

Según el punto de mira los créditos de carbono son:

Desde el punto de vista técnico
- Los créditos de carbono representan una cantidad específica de reducción de emisiones de gases de efecto invernadero, generalmente expresada en toneladas métricas de dióxido de carbono equivalente (tCO$_2$e). Estos créditos se generan a través de proyectos de mitigación de emisiones que utilizan tecnologías limpias, energías renovables, eficiencia energética o acciones de conservación forestal, entre otros. Una vez que se verifica y certifica la reducción de emisiones, se emiten los créditos de carbono, que pueden ser negociados en mercados internacionales de carbono o utilizados para cumplir con los compromisos de reducción de emisiones de los países o empresas.

Desde el punto de vista legal
- Los créditos de carbono están regulados por acuerdos internacionales como el Protocolo de Kioto y el Acuerdo de París, así como por marcos regulatorios nacionales y regionales en algunos países. Estos marcos establecen los criterios y estándares para la generación, verificación, registro, transferencia y uso de créditos de carbono, garantizando la integridad ambiental y la transparencia del proceso.

NOTA

Un crédito de carbono suele representar una tonelada métrica de CO$_2$, mientras que una compensación de carbono se refiere a un proyecto o acción que contribuye a evitar la emisión de una cantidad equivalente a una tonelada métrica de CO$_2$.

- -

RECUERDA

Los créditos de carbono desempeñan un papel esencial en las estrategias globales para combatir el cambio climático y reducir las emisiones de gases de efecto invernadero.

- -

El funcionamiento de los créditos de carbono se asemeja al de los mercados bursátiles, ya que estos bonos se compran y venden entre empresas de manera similar a las acciones.

Los bonos se obtienen a través de un proceso de certificación de proyectos conocido como mecanismo de desarrollo limpio (MDL). Las empresas pueden obtener bonos por la captura de CO_2, la reducción de emisiones de gases de efecto invernadero (GEI) o por las medidas adoptadas para mitigar los efectos del cambio climático.

En la práctica, algunas empresas apenas utilizan sus bonos, debido a su actividad sostenible, mientras que otras no logran reducir sus emisiones dentro del límite permitido por sus créditos de carbono. Por lo tanto, las empresas más contaminantes pueden comprar bonos no utilizados a aquellas que no los necesitan.

La venta de bonos de carbono no utilizados es legal y no afecta al objetivo de los mismos, ya que el total de emisiones de CO_2 está controlado. De este modo, las empresas ecológicas pueden obtener financiamiento a través de estos bonos, mientras que las más contaminantes deben asumir mayores costos si no implementan medidas para reducir su huella ambiental.

La reducción de emisiones, ERU, derechos de emisión y proyectos de desarrollo limpio (CDM) son diferentes tipos de créditos de carbono que se utilizan en diversos esquemas corporativos y de comercialización. Cada uno tiene sus propias reglas y estándares, que varían desde contratos voluntarios hasta sistemas regulados por normativas gubernamentales o internacionales.

Los principales créditos de carbono se basan en:

Reducción de emisiones (VER)
- Este tipo de créditos se basa en contratos motivados por esquemas corporativos voluntarios y de comercialización. No existen reglas gubernamentales ni estandarizadas aplicadas a estas transacciones.

Proyectos de aplicación conjunta o *joint venture implementarion* (ERU)
- El intercambio de bonos se realiza mediante contratos similares al caso anterior, pero se basa en una serie de verificaciones aprobadas a nivel estandarizado. Existen reglas para las unidades de reducción aprobadas o para las reducciones de emisión verificadas.

Continúa en página siguiente >>

<< Viene de página anterior

Derechos de emisión (EUA o AAU)
- Estos bonos se crean a través de reglas de cumplimiento obligatorio o voluntario, o mediante un marco regulatorio. Por lo tanto, hay un esquema de intercambio y un límite obligatorio.

Proyectos de desarrollo limpio (CDM)
- Los bonos CER se basan en un sistema de límites máximos permisibles, con certificados de reducción y bonos basados en proyectos y compensaciones.

IMPORTANTE

Los créditos de carbono son una herramienta valiosa para promover la sostenibilidad empresarial y contribuir a la protección del medioambiente. Permiten incentivar a las empresas a reducir sus emisiones de gases de efecto invernadero y a adoptar prácticas más responsables desde el punto de vista ambiental.

2.5. La declaración ambiental de Kyoto

El Protocolo de Kioto, celebrado en Japón en 1997, es un acuerdo internacional dentro del marco de la Convención Marco de las Naciones Unidas sobre el Cambio Climático (CMNUCC).

Su objetivo principal es reducir las emisiones de seis gases de efecto invernadero que contribuyen al calentamiento global: dióxido de carbono (CO_2), metano (CH_4), óxido nitroso (N_2O) y tres gases industriales fluorados: hidrofluorocarburos (HFC), perfluorocarbonos (PFC) y hexafluoruro de azufre (SF_6).

SABÍAS QUE...

En 1997, un total de 84 países firmaron el Protocolo de Kioto, pero solo 46 de ellos lo ratificaron oficialmente. Entre los principales emisores de gases de efecto invernadero, solo la Unión Europea y Japón se unieron al acuerdo en ese momento, mientras que países como China, Australia y Estados Unidos optaron por no participar.

Para el año 2001, más de 180 países se habían sumado al Protocolo de Kioto. Sin embargo, su entrada en vigor requería la ratificación de países que representaran al menos el 55 % de las emisiones de carbono de los países desarrollados, además de la participación de al menos 55 países en total.

Finalmente, la ratificación de Rusia en 2004 permitió que el Protocolo de Kioto entrara en vigor en 2005. Esto cumplió con los requisitos establecidos para su vigencia, ya que Rusia representaba una parte significativa de las emisiones de carbono entre los países desarrollados. Con su entrada en vigor, el Protocolo de Kioto se convirtió en un instrumento legalmente vinculante para los países que lo ratificaron, estableciendo objetivos concretos para la reducción de emisiones de gases de efecto invernadero durante el período 2008-2012.

El Protocolo de Kioto estableció tres mecanismos de implementación complementarios para alcanzar los objetivos de reducción de emisiones de gases de efecto invernadero:

- **Comercio internacional de emisiones.** Este mecanismo permite que los países desarrollados y aquellos con economías en transición negocien créditos de emisiones entre sí para cumplir con los objetivos acordados. Los países que emiten menos de sus límites asignados pueden vender créditos de emisiones sobrantes a otros países que necesiten aumentar sus emisiones para apoyar su desarrollo económico.
- **Mecanismo de desarrollo limpio (MDL).** Este mecanismo implica que los países desarrollados o aquellos con economías en transición implementen proyectos de reducción de emisiones en países en desarrollo. A cambio de estas acciones, el país desarrollado recibe créditos de carbono negociables que cuentan para cumplir sus objetivos de reducción de emisiones, mientras que el país receptor experimenta un desarrollo sostenible.
- **Mecanismo de aplicación conjunta (JCM).** En este mecanismo, los países industrializados invierten en proyectos en otros países que también

son partes del Protocolo de Kioto. Estos proyectos generan créditos de carbono que se utilizan para cumplir con los compromisos de reducción de emisiones del país inversor. Los países receptores, que suelen ser economías en transición o en desarrollo, se benefician de las inversiones en tecnologías sostenibles y reciben transferencias de conocimiento y tecnología.

 VÍDEO

Puedes descubrir más sobre la declaración ambiental de Kyoto, escaneando el siguiente QR:

https://redirectoronline.com/seag00050302

La **enmienda de Doha** al Protocolo de Kioto establece un segundo período de compromiso, que abarca desde 2013 hasta 2020. Este protocolo es un acuerdo internacional diseñado para reducir las emisiones de gases de efecto invernadero y abordar el cambio climático.

La ratificación de estos acuerdos por parte del Parlamento Europeo es crucial para que la Unión Europea cumpla con sus compromisos internacionales en materia de cambio climático y demuestra su compromiso con la reducción de emisiones y la protección del medioambiente.

Enmienda de Doha

La Enmienda de Doha, acordada durante la 18.ª Conferencia de las Partes en Doha, Catar, en 2012, representa un hito importante en la evolución del Protocolo de Kioto. Esta enmienda establece un segundo período de compromiso para el protocolo, que abarca desde 2013 hasta 2020. Además, incluye el trifluoruro de nitrógeno en la lista de gases de efecto invernadero sujetos a regulación.

Una de las características clave de la Enmienda de Doha es que facilita el fortalecimiento unilateral de los compromisos de reducción de emisiones por parte de cada país firmante. Esto significa que los países pueden comprometerse a reducciones más ambiciosas de manera voluntaria, lo que refleja un mayor compromiso global con la lucha contra el cambio climático.

El Llamado de Lima para la Acción por el Clima, adoptado durante la 20ª Conferencia de las Partes en Lima en diciembre de 2014, insta a todas las 192 partes del Protocolo de Kioto a ratificar la enmienda de Doha. Hasta el 14 de mayo de 2015, un total de 31 países habían ratificado la enmienda. Sin embargo, la enmienda entrará en vigor únicamente cuando haya sido ratificada por al menos 144 partes, lo que subraya la necesidad de un amplio apoyo internacional para su implementación efectiva.

 PARA SABER MÁS

Para profundizar en este concepto puedes escanear el siguiente QR, para acceder al documento del Parlamento Europeo:

https://redirectoronline.com/seag00050303

 ACTIVIDAD COMPLEMENTARIA

3. Investiga en internet y analiza cómo una empresa puede reducir su impacto ambiental, ¿Cómo puede beneficiar esta estrategia a una empresa? ¿Y al medioambiente?

3. Composición del inventario relativo a contaminación

☞ HILO CONDUCTOR

Una vez que la empresa de Mariola está en un contexto ambiental, Fabián quiere poner en marcha estos conceptos. La realización de un inventario relativo a la contaminación ayudará a la empresa a identificar, evaluar y controlar las fuentes de contaminación asociadas con sus operaciones, de manera que será mucho más fácil para Mariola cumplir con las regulaciones ambientales, mejorar la eficiencia ambiental y gestionar los riesgos ambientales.

Los **inventarios de emisiones atmosféricas** son herramientas fundamentales en la gestión ambiental y la protección de la calidad del aire. Estos inventarios recopilan datos detallados sobre las fuentes de emisiones de contaminantes atmosféricos, como las industrias, los vehículos, las actividades agrícolas y otros procesos humanos y naturales. Además, identifican los tipos y cantidades de contaminantes emitidos.

La recopilación y el análisis de estos datos permiten a los responsables de la gestión ambiental y los formuladores de políticas comprender la magnitud y la distribución de las emisiones de contaminantes en una determinada área geográfica y durante un período de tiempo específico. Esta comprensión es crucial para identificar las fuentes más significativas de contaminación y desarrollar estrategias efectivas para reducir las emisiones y mejorar la calidad del aire.

Los inventarios de emisiones también son herramientas importantes para evaluar el cumplimiento de los estándares de calidad del aire establecidos por las autoridades reguladoras. Al comparar las emisiones reales con los límites permitidos, se pueden identificar áreas o sectores que requieren medidas adicionales de control de la contaminación. Además, proporcionan la base para el diseño e implementación de programas de control de la contaminación, como la aplicación de tecnologías más limpias, la promoción de prácticas industriales sostenibles, la introducción de normativas más estrictas y la incentivación de la adopción de energías renovables.

IMPORTANTE

La precisión y la exhaustividad de los inventarios de emisiones son fundamentales para su **utilidad** y **fiabilidad.** Cualquier error en la recopilación o el análisis de datos podría conducir a decisiones erróneas o ineficaces en la gestión de la calidad del aire. Por lo tanto, los responsables de la elaboración de estos inventarios deben seguir prácticas rigurosas y utilizar metodologías y tecnologías actualizadas para garantizar la calidad y la integridad de los datos recopilados.

3.1. Análisis de contaminantes

Los principales contaminantes del aire, también conocidos como **contaminantes atmosféricos,** son aquellos compuestos o partículas presentes en la atmósfera que pueden tener efectos adversos en la salud humana, el medioambiente y los ecosistemas.

A lo largo del proceso de elaboración del inventario, es esencial llevar a cabo un exhaustivo análisis tanto de los datos iniciales proporcionados por fuentes externas como de los resultados de emisiones obtenidos.

Los contaminantes del aire más comunes incluyen:

- **Dióxido de azufre (SO_2).** Proveniente principalmente de la quema de combustibles fósiles, como el carbón y el petróleo, así como de procesos industriales como la fundición de metales. El SO_2 puede causar irritación de las vías respiratorias, problemas pulmonares y contribuir a la formación de lluvia ácida.

- **Óxidos de nitrógeno (NO$_x$).** Producidos durante la combustión de combustibles fósiles en vehículos, centrales eléctricas y procesos industriales. Los NO$_x$ contribuyen a la formación de ozono troposférico y partículas finas, y pueden causar problemas respiratorios, exacerbación del asma y daños al ecosistema.
- **Monóxido de carbono (CO).** Es producido por la combustión incompleta de combustibles fósiles, como la gasolina y el gas natural, así como por la quema de biomasa. El CO es altamente tóxico y puede provocar intoxicación, mareos, dolores de cabeza e incluso la muerte en concentraciones elevadas.
- **Partículas en suspensión (PM).** Compuestas por una mezcla de partículas sólidas y líquidas en el aire, que puede ser de origen natural (polvo, polen) o generada por la actividad humana (emisiones de vehículos, industrias, construcción). Las PM pueden penetrar en los pulmones y causar una variedad de problemas de salud, incluyendo enfermedades cardiovasculares, respiratorias y cáncer de pulmón.
- **Compuestos orgánicos volátiles (COV).** Son emitidos por actividades industriales, vehículos, productos de consumo y procesos biológicos. Los COV contribuyen a la formación de ozono troposférico. Pueden causar irritación de ojos y garganta, dolores de cabeza, náuseas y daños al sistema nervioso central.
- **Ozono troposférico (O$_3$).** Es un gas reactivo formado por la reacción de los NO$_x$ y los COV en presencia de luz solar. El ozono troposférico es un irritante respiratorio. Puede causar problemas respiratorios, especialmente en niños, ancianos y personas con enfermedades respiratorias preexistentes.

Estos son algunos de los contaminantes del aire más importantes y comunes, pero hay otros, como los compuestos de plomo, los compuestos de mercurio y los hidrocarburos aromáticos policíclicos, que también pueden tener efectos adversos en la salud y el medioambiente. La regulación y control de estos contaminantes son fundamentales para proteger la calidad del aire y la salud pública.

El análisis de los contaminantes en una empresa implica varias etapas clave, que se pueden resumir de la siguiente manera:

- **Identificación de fuentes de contaminación.** El primer paso es identificar todas las posibles fuentes de contaminación dentro de la empresa. Esto puede incluir procesos industriales, emisiones de equipos y maquinaria, vertidos de aguas residuales y manejo de residuos sólidos, entre otros.
- **Muestreo y análisis de emisiones.** Una vez identificadas las fuentes de contaminación, se procede a realizar muestreos de las emisiones o verti-

dos asociados a estas fuentes. Esto implica tomar muestras de aire, agua o suelo, según corresponda, y analizarlas en laboratorios especializados para determinar la concentración de contaminantes presentes.

- **Evaluación de resultados.** Una vez obtenidos los resultados de los análisis, se realiza una evaluación detallada de los niveles de contaminantes encontrados. Se comparan estos niveles con los estándares ambientales y las regulaciones aplicables para determinar si existen excesos o incumplimientos.

- **Identificación de medidas correctivas.** En función de los resultados del análisis, se identifican las medidas correctivas necesarias para reducir o eliminar las emisiones de contaminantes. Esto puede incluir la implementación de tecnologías más limpias, la optimización de procesos, la gestión de residuos o la mejora de prácticas de operación y mantenimiento.

- **Implementación de planes de gestión ambiental.** Se desarrollan planes de gestión ambiental que incluyen acciones específicas para controlar, monitorear y mitigar la contaminación en la empresa. Estos planes pueden abarcar desde la instalación de sistemas de control de emisiones hasta la capacitación del personal en prácticas ambientales sostenibles.

- **Monitoreo continuo y mejora.** Una vez implementadas las medidas correctivas, se establece un sistema de monitoreo continuo para evaluar la efectividad de las acciones tomadas y garantizar el cumplimiento de los estándares ambientales. Además, se revisan periódicamente los procesos y prácticas de la empresa para identificar oportunidades de mejora continua en la gestión ambiental.

 PARA SABER MÁS

Escaneando el siguiente QR puedes acceder a un informe sobre la emisión de contaminantes atmosféricos en España desde 1990-2021.

https://redirectoronline.com/seag00050304

 **TAREA 3**

Carlos es biólogo ambiental y trabaja en una empresa que fabrica una amplia gama de productos químicos. Su principal responsabilidad dentro de la empresa es llevar a cabo un análisis exhaustivo del impacto ambiental de las operaciones de fabricación y proponer medidas efectivas para mitigar cualquier contaminación generada durante el proceso.

Como profesional, Carlos comprende la importancia de equilibrar las necesidades comerciales con la responsabilidad ambiental. Su objetivo es asegurar que las actividades de la empresa se lleven a cabo de manera sostenible y en cumplimiento de todas las regulaciones ambientales aplicables.

¿Podrías ayudar a Carlos a identificar las diferentes fases que debe de tener en cuenta para llevar a cabo el análisis de contaminantes de su empresa con el objetivo de reducir el impacto ambiental de la misma?

3.2. Identificación de principales fuentes de contaminación

Cuando hablamos de contaminación nos referimos a la presencia de partículas pequeñas o sustancias secundarias en el aire, agua u otros medios que pueden representar un riesgo, daño o molestia para las personas, plantas y animales expuestos a este entorno. Las principales fuentes de contaminación pueden variar, depende del tipo de contaminante y del entorno en el que se encuentre la empresa o la comunidad.

Identificar las principales fuentes de contaminación en una empresa es fundamental para comprender de dónde provienen los contaminantes y poder tomar medidas adecuadas para su control y reducción.

Las fuentes de contaminación atmosférica se agrupan en diferentes categorías según su naturaleza:

Fuentes puntuales
- Son aquellas cuyas emisiones provienen de instalaciones o actividades específicas que permanecen en un lugar fijo. Estas pueden incluir grandes plantas de energía, refinerías de petróleo, fábricas industriales y centrales eléctricas, entre otras. La contaminación generada por estas fuentes suele ser continua y concentrada en áreas específicas, lo que facilita su monitoreo y control, aunque su impacto local puede ser significativo, especialmente para las comunidades cercanas.

Fuentes móviles
- Engloban todas las formas de transporte, incluidos automóviles, camiones, autobuses, aviones, barcos y trenes. Estos vehículos emiten una variedad de contaminantes atmosféricos, como dióxido de carbono (CO_2), óxidos de nitrógeno (NO_x), monóxido de carbono (CO), compuestos orgánicos volátiles (COV) y partículas en suspensión. Debido a su movilidad, las emisiones de las fuentes móviles pueden dispersarse ampliamente y afectar áreas urbanas y rurales por igual. Engloban todas las formas de transporte, incluidos automóviles, camiones, autobuses, aviones, barcos y trenes. Estos vehículos emiten una variedad de contaminantes atmosféricos, como dióxido de carbono (CO_2), óxidos de nitrógeno (NO_x), monóxido de carbono (CO), compuestos orgánicos volátiles (COV) y partículas en suspensión. Debido a su movilidad, las emisiones de las fuentes móviles pueden dispersarse ampliamente y afectar áreas urbanas y rurales por igual.

Fuentes de área
- Son aquellas actividades que, aunque no son estacionarias como las fuentes puntuales, contribuyen a la contaminación atmosférica en un área específica. Estas pueden incluir el uso de productos químicos en la agricultura, la quema de biomasa para cocinar y calentar en áreas rurales, así como actividades industriales y comerciales como imprentas, tintorerías y talleres de pintura. La contaminación generada por estas fuentes puede ser más dispersa y difícil de rastrear, pero aún así puede tener un impacto significativo en la calidad del aire local.

Fuentes naturales o biogénicas
- Incluyen fenómenos naturales como la actividad volcánica, las emisiones de compuestos orgánicos volátiles de plantas y árboles, y la erosión del suelo. Aunque estas fuentes no son causadas por la actividad humana, aún pueden contribuir a la contaminación amosférica y afectar la calidad del aire, especialmente en áreas cercanas a volcanes o zonas con una vegetación densa.

Las fuentes de contaminación atmosférica se agrupan en diferentes categorías según su origen:

- **Contaminantes primarios.** Son aquellas sustancias que se liberan directamente al ambiente desde fuentes específicas, como los escapes de los vehículos, las chimeneas industriales o las actividades agrícolas. Estos contaminantes pueden ser emitidos en forma de gases, como el dióxido de azufre (SO_2) o el monóxido de carbono (CO), o en forma de partículas sólidas o líquidas, como el polvo o las cenizas. Una vez en el aire, estos contaminantes pueden tener impactos inmediatos en la calidad del aire y la salud humana, ya que pueden ser inhalados o entrar en contacto con la piel.
- **Contaminantes secundarios.** Se forman a partir de reacciones químicas complejas entre los contaminantes primarios y otros componentes presentes en la atmósfera, como los óxidos de nitrógeno (NO_x) y los compuestos orgánicos volátiles (COV), bajo la influencia de la luz solar y otros factores. Un ejemplo destacado es el ozono troposférico (O3), que se forma a partir de la reacción entre los NO_x y los COV en presencia de la luz solar. Estos contaminantes secundarios pueden transportarse a grandes distancias antes de depositarse en la superficie terrestre. Además, pueden tener efectos adversos tanto en la salud humana como en el medioambiente, como la irritación respiratoria, la reducción de la visibilidad y el daño a los cultivos y los ecosistemas.

 PARA SABER MÁS

Escaneando el QR, puedes acceder al marco normativo de la contaminación atmosférica.

https://redirectoronline.com/seag00050305

3.3. Dispersión de los contaminantes

Cuando hablamos de dispersión de los contaminantes nos referimos al proceso mediante el cual los contaminantes liberados al medio se mezclan, se diluyen y se transportan en los distintos medios. Este proceso es influenciado por una variedad de factores, incluyendo la velocidad y dirección del viento, la temperatura, la topografía del terreno y la altura de la fuente de emisión.

La mayoría de los contaminantes se dispersan en la parte baja de la troposfera, donde interactúan entre sí y con otros compuestos antes de ser depositados. Algunos contaminantes ascienden a altitudes considerables y son transportados a distancias lejanas desde su fuente de emisión. Además, algunos pueden traspasar la tropopausa y penetrar en la estratosfera.

El ciclo de emisión-deposición de contaminantes atmosféricos comprende varios procesos importantes:

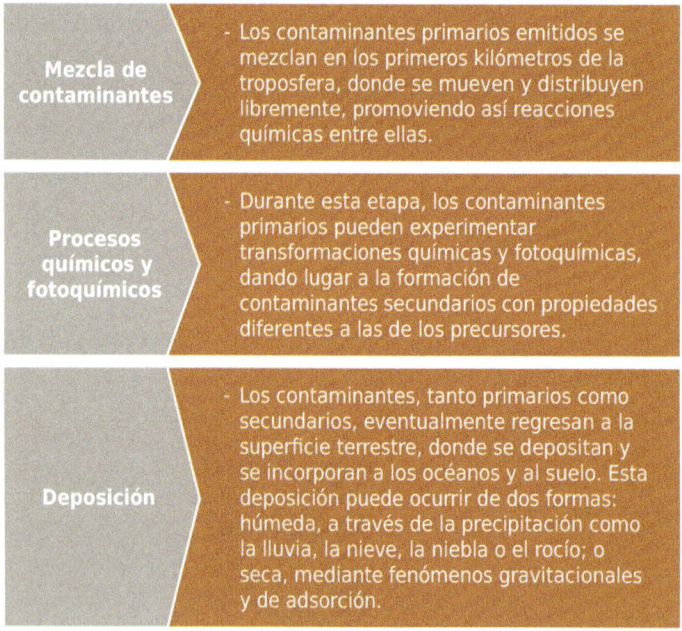

Mezcla de contaminantes
- Los contaminantes primarios emitidos se mezclan en los primeros kilómetros de la troposfera, donde se mueven y distribuyen libremente, promoviendo así reacciones químicas entre ellas.

Procesos químicos y fotoquímicos
- Durante esta etapa, los contaminantes primarios pueden experimentar transformaciones químicas y fotoquímicas, dando lugar a la formación de contaminantes secundarios con propiedades diferentes a las de los precursores.

Deposición
- Los contaminantes, tanto primarios como secundarios, eventualmente regresan a la superficie terrestre, donde se depositan y se incorporan a los océanos y al suelo. Esta deposición puede ocurrir de dos formas: húmeda, a través de la precipitación como la lluvia, la nieve, la niebla o el rocío; o seca, mediante fenómenos gravitacionales y de adsorción.

En general, se considera que las áreas continentales albergan los principales focos emisores de contaminantes, mientras que los océanos, debido a su extensión, actúan como los principales depósitos receptores. Cuando los niveles de inmisión, es decir, la cantidad de contaminantes que llegan a un área determinada, superan los límites aceptables, esto puede resultar en una disminución de la calidad del aire y tener efectos negativos en los seres humanos, la biosfera y los animales, entre otros.

Por otra parte, los niveles de inmisión contaminantes atmosféricos están influenciados por una serie de factores:

- **Condiciones meteorológicas y climáticas:**

  - **Estratificación del aire.** La atmósfera puede presentar diferentes estratos de temperatura, lo que afecta a la dispersión de los contaminantes.
  - **Inversiones térmicas.** Situaciones en las que se impide la circulación vertical del aire, lo que puede causar acumulación de contaminantes en las capas bajas de la atmósfera.
  - **Viento.** La dirección y velocidad del viento influyen en la dispersión de los contaminantes. La topografía del terreno y la rugosidad del suelo también afectan el movimiento del viento y, por ende, a la dispersión de los contaminantes.
  - **Humedad relativa del aire.** La humedad favorece la acumulación de contaminantes y puede contribuir a la formación de ácidos corrosivos como la lluvia ácida.
  - **Precipitaciones.** La lluvia y otras formas de precipitación arrastran los contaminantes hacia el suelo.
  - **Insolación.** La radiación solar favorece la formación de contaminantes secundarios a través de reacciones fotoquímicas.

- **Características geográficas y topográficas:**

  - **Zonas costeras.** Las brisas marinas pueden transportar los contaminantes tierra adentro. La humedad en estas áreas también puede favorecer la acumulación de contaminantes.
  - **Valles fluviales y laderas.** Durante el día, las laderas se calientan y generan corrientes ascendentes, lo que puede atrapar los contaminantes en el valle. Durante la noche, el aire se enfría, desciende por las laderas y se acumula en el fondo del valle.
  - **Zonas urbanas.** Los edificios y la actividad urbana pueden crear microclimas como las islas de calor, que dificultan la dispersión de los contaminantes. La vegetación en estas áreas puede frenar la velocidad del viento y facilitar la deposición de los contaminantes.
  - **Zonas con vegetación.** La vegetación puede actuar como sumidero de CO_2 y absorber contaminantes como los óxidos de azufre y el plomo, ayudando a mejorar la calidad del aire.

Cuando los contaminantes son liberados a la atmósfera desde un foco emisor, ya sea fijo o móvil, tienden a dispersarse a través de las diversas capas de la atmósfera. Este proceso de dispersión es influenciado por diversos factores como la velocidad y dirección del viento, la temperatura atmosférica o la humedad, entre otros.

3.4. Determinación de los principales efectos de la contaminación

Para determinar los principales efectos de la contaminación en un inventario de contaminantes, es crucial considerar los impactos tanto a nivel exterior como interior, así como las consecuencias sobre los seres vivos y el deterioro de materiales.

La contaminación ambiental afecta a diferentes niveles, desde el **entorno exterior** hasta los **espacios interiores**, donde pasamos la mayor parte de nuestro tiempo. Esta contaminación puede tener un amplia gama de efectos negativos en la salud humana, la biodiversidad y los ecosistemas en general. Para comprender mejor estos impactos es crucial examinar los diferentes niveles de contaminación y cómo afectan a nuestro entorno:

➲ **Nivel exterior.** Se refiere a la contaminación que ocurre en el ambiente al aire libre, como resultado de las emisiones industriales, el transporte, la agricultura y otros procesos humanos. Esta contaminación puede manifestarse en forma de:

  ◊ **Cambio climático.** La contaminación atmosférica contribuye al cambio climático, al aumentar la concentración de gases de efecto invernadero en la atmósfera, como el dióxido de carbono (CO_2), el metano (CH_4) y el óxido nitroso (N_2O). Estos gases atrapan el calor en la atmósfera, causando el aumento de la temperatura global, el derretimiento de los casquetes polares, el aumento del nivel del mar y los eventos climáticos extremos más frecuentes e intensos.

○ **Agotamiento del ozono estratosférico.** La emisión de sustancias químicas, como los clorofluorocarbonos (CFC), puede destruir la capa de ozono estratosférico que protege la Tierra de la radiación ultravioleta del Sol. Esto puede aumentar la incidencia de enfermedades de la piel, cataratas, supresión del sistema inmunológico y daños en los ecosistemas acuáticos y terrestres.

○ **Lluvia ácida.** La contaminación atmosférica por dióxido de azufre (SO_2) y óxidos de nitrógeno (NO_x) puede provocar la formación de lluvia ácida. Esta lluvia corrosiva puede dañar los suelos, cuerpos de agua, cultivos, edificios y monumentos históricos, así como afectar a la salud de los seres vivos y la biodiversidad.

○ *Smog.* La contaminación del aire en áreas urbanas puede dar lugar a la formación de *smog,* una niebla tóxica compuesta por contaminantes atmosféricos como partículas en suspensión, ozono troposférico y óxidos de nitrógeno. El *smog* puede causar problemas respiratorios, irritación de los ojos, exacerbación de enfermedades pulmonares crónicas y afectar la calidad de vida de las personas.

➲ **Nivel interior.** Se refiere a la contaminación que se acumula dentro de los espacios cerrados, como hogares, oficinas, escuelas y otros edificios. Esta contaminación puede ser causada por la presencia de productos químicos volátiles, humo de tabaco, moho, polvo y otros contaminantes que afectan la calidad del aire interior. Pueden tener serias repercusiones en la salud de las personas que respiran ese aire contaminado. Esta contaminación puede manifestarse en forma de:

○ **Síndrome del edificio enfermo.** La contaminación del aire en espacios interiores puede provocar el síndrome del edificio enfermo, que se manifiesta a través de síntomas como dolores de cabeza, fatiga, irritación de ojos, nariz y garganta, dificultad para respirar, erupciones cutáneas y problemas de concentración. Los contaminantes interiores pueden incluir compuestos orgánicos volátiles (COV), formaldehído, humo de tabaco, polvo, alérgenos y productos químicos de limpieza.

➲ **Consecuencias sobre los seres vivos:**

○ **Plantas.** La contaminación del aire puede afectar negativamente al crecimiento y desarrollo de las plantas, al interferir con la fotosíntesis, dañar las estructuras de las hojas y reducir la disponibilidad de nutrientes en el suelo.

○ **Animales.** La contaminación del aire, el agua y el suelo puede tener impactos adversos en la vida silvestre, incluyendo la reducción de la biodiversidad, cambios en los hábitats naturales, enfermedades, deformidades, disminución de la reproducción y mortalidad prematura.

◑ **Seres humanos.** La exposición a contaminantes atmosféricos puede provocar una amplia gama de problemas de salud en los seres humanos, incluyendo enfermedades respiratorias (como el asma y la bronquitis), enfermedades cardiovasculares, cáncer, efectos neurotóxicos, trastornos reproductivos y problemas de desarrollo infantil.

➲ **Deterioro de materiales.** La contaminación atmosférica puede causar daños a estructuras y materiales, incluyendo corrosión de metales, deterioro de pinturas y revestimientos, decoloración de materiales, degradación de plásticos y materiales poliméricos, y pérdida de integridad estructural en edificios, puentes, monumentos y obras de arte.

En este contexto, es fundamental comprender los diferentes niveles de contaminación y sus impactos para poder desarrollar estrategias efectivas de mitigación y protección del medioambiente y la salud pública.

 **VÍDEO**

Escaneando el siguiente QR, puedes ampliar información sobre las consecuencias de la contaminación en la salud humana.

https://redirectoronline.com/seag00050306

3.5. Identificación y ampliación de métodos básicos de muestreo de emisión e inmisión

La evaluación de la contaminación atmosférica es fundamental para comprender y mitigar los impactos negativos que los contaminantes tienen en la salud humana, el medioambiente y el cambio climático. Dos conceptos clave en esta evaluación son la emisión y la inmisión de contaminantes:

Emisión	Inmisión
- Se refiere a la liberación de contaminantes al medioambiente desde fuentes específicas, como chimeneas industriales, vehículos o procesos industriales. Estos contaminantes pueden ser gases, partículas sólidas o líquidos. Medirlos es crucial para entender la cantidad y composición de los contaminantes liberados.	- Se refiere a la presencia de contaminantes en el aire ambiente en lugares donde las personas están expuestas a ellos. Estos contaminantes son el resultado de la dispersión y el transporte de las emisiones desde las fuentes hacia áreas pobladas. Hoy en día este término es conocido como "calidad de aire ambiente".

Es importante tener en cuenta, además, los procesos de toma de muestras, transporte, conservación e interpretación de los resultados tanto para las emisiones como para la inmisión de contaminantes. Este conocimiento nos permite desarrollar estrategias efectivas para reducir la contaminación atmosférica y proteger nuestro entorno y nuestra salud.

NOTA

La Orden Ministerial de 18 de octubre de 1976 define inmisión como "la presencia de contaminantes en la atmósfera a nivel del suelo, de modo temporal o permanente".

La toma de muestras de emisión e inmisión es un proceso crucial en el monitoreo y análisis de la calidad del aire. Aquí se describen brevemente ambos procesos:

→ **Toma de muestras de emisión.** La toma de muestras de emisión implica la recolección de contaminantes directamente en el punto de origen, como chimeneas industriales, tubos de escape de vehículos o fuentes estacionarias. Se utilizan dispositivos de muestreo diseñados específicamente para capturar los contaminantes emitidos, como filtros, absorbentes o sondas. Estos dispositivos se colocan estratégicamente en o cerca de la fuente de emisión, y se exponen durante un período de tiempo determinado para recoger una muestra representativa de los contaminantes liberados al aire. La toma de muestras de emisión es fundamental para evaluar y controlar las emisiones industriales y vehiculares, así como para cumplir con las regulaciones ambientales.

‣ **Toma de muestras de inmisión.** La toma de muestras de inmisión implica la recolección de contaminantes presentes en el aire ambiente en lugares donde las personas están expuestas, como áreas urbanas, residenciales o comerciales. Se utilizan dispositivos de muestreo colocados en ubicaciones estratégicas, como estaciones de monitoreo de la calidad del aire, para capturar una muestra representativa de los contaminantes atmosféricos presentes en el entorno. Estos dispositivos pueden incluir filtros, tubos absorbentes, sensores electrónicos u otros sistemas de muestreo automático. La toma de muestras de inmisión es fundamental para evaluar la calidad del aire en áreas pobladas y para monitorear el cumplimiento de los estándares de calidad del aire establecidos por las autoridades reguladoras.

Ambos procesos son fundamentales en el monitoreo y análisis de la calidad del aire, ya que permiten recopilar datos precisos sobre la concentración de contaminantes atmosféricos, lo que es esencial para evaluar el impacto de la contaminación en la salud humana y tomar medidas efectivas de control y mitigación.

Los muestreos pueden diferenciarse de la siguiente forma:

1. **Tipos de muestreo:**

   ‣ **Muestreo continuo.** Implica tomar muestras de manera constante a lo largo del tiempo, ya sea en tiempo real o en intervalos predefinidos, como muestras tomadas cada 24 h.
   ‣ **Muestreo periódico.** Se basa en un plan predefinido, como tomar muestras en ciertas estaciones del año o con una frecuencia determinada, como una vez cada dos semanas.
   ‣ **Muestreo puntual.** Se realiza en momentos específicos, en días y horas determinados.

2. **Métodos de muestreo:**

   ‣ **Métodos continuos.** Implican la captación y análisis del contaminante de manera continua y automática en el punto de muestreo. Esto puede incluir el uso de analizadores automáticos y sensores remotos.
   ‣ **Métodos discontinuos.** Involucran la captación del contaminante en el punto de muestreo y su posterior transporte al laboratorio para el análisis. Esto puede hacerse a través de muestreadores pasivos y activos.

Los equipos utilizados durante el muestreo pueden ser:

Analizadores automáticos
- Estos equipos toman y analizan muestras en tiempo real.
- Son específicos para diferentes tipos de contaminantes.
- Miden propiedades físicas o químicas del contaminante.
- Pueden usarse tanto para medidas de inmisión como de emisión.

Sensores remotos
- Utilizan un emisor y receptor de radiaciones separados por cierta distancia.
- Los contaminantes presentes absorben estas radiaciones. La intensidad de absorción se utiliza para terminar la cantidad de contaminante presente.
- Son útiles para medidas de inmisión.

Muestreadores pasivos
- Se basan en la difusión de contaminantes hacia la superficie del muestreador.
- Por lo general, utilizan un filtro impregnado con una solución adsorbente específica para un determinado contaminante.
- Son comúnmente utilizados para la medición de contaminantes en inmisión.

Muestreadores activos
- Se basan en la difusión de los contaminantes hacia una superficie absorbente.
- Los muestreadores activos utilizan un sistema de bombeo para aspirar el aire y dirigirlo hacia un medio de captación, como un filtro o un absorbente químico.

Analizador automático de CO_2

Los muestreadores activos pueden utilizarse tanto para la toma de muestras de inmisión como de emisión, dependiendo de su configuración y aplicación específica. En el siguiente cuadro puedes distinguir las diferentes ventajas e inconvenientes de cada equipo.

Método	Ventajas	Inconvenientes
Analizadores automáticos	- Información en **tiempo real** - Comprobados - Altas características - Datos horarios	- Complejos - **Costes elevados**
Sensores remotos	- Medidas de **multicomponentes** - Dan datos en un determinado espacio - Útil cerca de las fuentes	- Muy **complejos** - Difíciles de operar, calibrar y validar - No siempre comparables con medidas puntuales
Muestreadores pasivos	- Muy **bajo coste** - Muy sencillos	- No son útiles para algunos contaminantes - Dan valores medios mensuales y semanales
Muestreadores activos	- Bajo coste - Fácil de operar	- Trabajo intensivo - Requiere análisis en el laboratorio - Medias diarias

3.6. Identificación y ampliación de métodos de control y de minimización de la contaminación

Como ya hemos visto, la emisión de contaminantes a la atmósfera, el agua y el suelo tiene impactos significativos en la salud humana, la biodiversidad y el funcionamiento de los ecosistemas. Para abordar este problema, en primer lugar, es fundamental identificar y aplicar métodos efectivos de control y minimización de la contaminación en todas las fuentes y sectores de la sociedad.

Es importante señalar que la contaminación puede provenir de diferentes fuentes, incluidas las industrias, el transporte, la agricultura, la generación de energía y las actividades domésticas. Cada una de estas fuentes emite una variedad de contaminantes, que van desde gases nocivos como el dióxido de azufre y el óxido de nitrógeno hasta productos químicos tóxicos y desechos sólidos.

Para abordar la contaminación en sus diversas formas y orígenes, se requiere un enfoque integral que involucre a múltiples actores, incluidos gobiernos, empresas, organizaciones sin fines de lucro y comunidades locales. Este enfoque debe basarse en tres pilares fundamentales: **prevención, control y mitigación.**

La prevención de la contaminación implica la adopción de medidas proactivas para evitar la generación de contaminantes.

Según el tipo de contaminación, podemos abordar su control de las siguientes formas:

1. **Control de la contaminación en fuentes fijas.** Se puede realizar mediante:

    - Tecnologías de control de emisiones:

        - **Filtros de partículas.** Capturan partículas sólidas emitidas por chimeneas industriales.
        - ***Scrubbers* (lavadores).** Remueven gases contaminantes mediante la dispersión en agua u otros líquidos.
        - **Catalizadores.** Convierten gases contaminantes en formas menos dañinas mediante reacciones químicas.

    - Optimización de procesos:

        - Mejora de la eficiencia de combustión para reducir emisiones.
        - Implementación de prácticas de gestión de energía para minimizar el consumo de combustibles fósiles.

    - Sistemas de monitoreo y cumplimiento:

        - Instalación de sistemas de monitoreo continuo de emisiones para garantizar el cumplimiento de regulaciones ambientales.

2. **Control de la contaminación en fuentes móviles.** Se puede realizar mediante:

    - Tecnologías de control de emisiones vehiculares:

        - **Convertidores catalíticos:** reducen las emisiones de gases nocivos, como el óxido de nitrógeno (NO_x) y los hidrocarburos.
        - **Filtros de partículas:** capturan partículas emitidas por motores diésel.

- Promoción de vehículos de bajas emisiones:

  - Incentivos fiscales y programas de subsidios para vehículos eléctricos híbridos.
  - Establecimiento de estándares de emisiones más estrictos para vehículos nuevos.

3. **Control de la contaminación en procesos industriales.**

- Gestión de residuos:

  - Reciclaje y reutilización de materiales para reducir la producción de desechos.
  - Tratamiento adecuado de efluentes líquidos y residuos peligrosos.

- Prácticas de producción limpia:

  - Implementación de tecnologías y procesos que minimizan el consumo de recursos y la generación de residuos.
  - Diseño de productos que sean más eficientes en el uso de recursos y menos contaminantes durante su ciclo de vida.

- Educación y capacitación:

  - Sensibilización sobre prácticas sostenibles entre los empleados y la comunidad local.
  - Capacitación en el manejo seguro de sustancias químicas y la prevención de derrames y fugas.

4. **Control de la contaminación en fuentes puntuales y no puntuales.**

- Gestión de la agricultura y la ganadería:

  - Implementación de prácticas de manejo de suelos y fertilizantes para reducir la escorrentía de nutrientes y productos químicos a los cuerpos de agua.

- Conservación de ecosistemas naturales:

  - Restauración y protección de humedales y bosques para filtrar contaminantes y mantener la calidad del agua y del aire.

◡ Control de la erosión:

  ⇕ Implementación de técnicas de control de la erosión, como terra-
    zas, barreras vegetativas y rotación de cultivos, para reducir la es-
    correntía de sedimentos.

NOTA

La aplicación efectiva de estos métodos de control y minimización de la contaminación requiere de una combinación de regulaciones ambientales sólidas,
tecnologías innovadoras y prácticas de gestión sostenible en todos los sectores
de la sociedad.

3.7. Análisis de los métodos de recuperación y regeneración del recurso natural

En los últimos tiempos, la degradación de los ecosistemas naturales y los
paisajes ha aumentado debido a la expansión urbana, el desarrollo de infraestructuras, la actividad industrial, agrícola y ganadera, así como la creciente demanda de recursos naturales para una población en constante
aumento. Esta degradación tiene un impacto negativo significativo en la
calidad de vida y el bienestar humano.

Para abordar esta problemática, es necesario implementar cambios en los
modelos de producción, consumo y comportamiento social hacia un desarrollo sostenible. Esto implica adoptar prácticas más responsables y respe-
tuosas con el medioambiente, así como promover la conservación y el uso
eficiente de los recursos naturales.

Además, es crucial revertir las situaciones de degradación generadas por la
actividad humana. Esto puede implicar acciones como la restauración de
ecosistemas degradados, la implementación de prácticas agrícolas y gana-
deras más sostenibles, la protección de áreas naturales y la promoción de
la biodiversidad. La **restauración ecológica** (RE) es un proceso destinado
a ayudar en la recuperación de un ecosistema que ha sufrido degradación,
daños o destrucción. En consecuencia, su función es la de ser un cataliza-
dor, dando inicio o acelerando procesos que facilitan la recuperación del
ecosistema, tomando en consideración su capacidad inherente de estabili-
zación y autorregulación a corto, medio y largo plazo.

SABÍAS QUE...

Según los hallazgos de la Evaluación de los Ecosistemas del Milenio, en las últimas cinco décadas aproximadamente el 60 % de los servicios que los ecosistemas proporcionan a nivel mundial han experimentado algún grado de degradación. En el contexto específico de España, se ha observado que alrededor del 45 % de los servicios de los ecosistemas evaluados están siendo degradados o utilizados de manera insostenible, siendo los servicios de regulación los más impactados por esta tendencia negativa.

Este deterioro de los ecosistemas está teniendo consecuencias significativas a nivel global, afectando negativamente a aproximadamente 3.200 millones de personas, debido a la degradación de la superficie terrestre provocada por actividades humanas.

La restauración de un ecosistema se puede llevar a cabo de las siguientes formas:

> **Restauración ecológica activa**
> - Esta técnica implica una intervención directa del ser humano en la estructura y característica del ecosistema degradado. El objetivo es remplazar, rehabilitar o restaurar el ecosistema para garantizar su existencia como un sistema estructurado y funcional.

> **Restauración ecológica pasiva**
> - Este caso se centra en eliminar o minimizar las pertubaciones que causan la degradación del ecosistema. Se permite que el propio ecosistema degradado recupere su estructura y funcionalidad de manera natural, sin intervención humana directa.

La restauración ecológica pasiva siempre debe ser considerada como primera opción, ya que en muchas ocasiones los resultados pueden ser comparables o incluso superiores a los de la restauración activa.

La decisión entre optar por la restauración activa o pasiva se basa en el análisis ecológico del área en cuestión, evaluando las alternativas más factibles y viables dentro del tiempo disponible, y desde diversas perspectivas ambientales, económicas, sociales y científico-técnicas.

En la práctica, la restauración activa se aconseja únicamente cuando el deterioro del ecosistema está por debajo de un umbral que permite que su memoria ecológica se reactive de manera natural en un plazo de tiempo razonable, promoviendo así su autorregeneración.

NOTA

En definitiva, tanto la restauración activa como la pasiva son estrategias complementarias seleccionadas en función de las condiciones específicas del ecosistema y los objetivos de restauración establecidos.

La restauración ecológica (RE) abarca diversos resultados finales. Esto dependerá del grado de degradación del ecosistema, así como del contexto ecológico, social y económico en el que se encuentre, junto con los objetivos específicos establecidos para el proyecto de RE.

En este sentido, la RE puede comprender los siguientes conceptos:

- **Reemplazo *(reclamation)* o cambio de uso útil.** Este enfoque se aplica cuando la degradación del ecosistema original es tan significativa que resulta prácticamente imposible restaurarlo. Por ejemplo, áreas afectadas por actividades como la minería, donde se ha alterado profundamente la geomorfología del terreno. En estos casos, la intervención se orienta hacia la creación de un nuevo ecosistema, aprovechando la nueva condición del área afectada.
- **Rehabilitación.** Se refiere a la recuperación de la funcionalidad del ecosistema sin necesariamente restaurar por completo su estructura original. Esto puede implicar incluso la introducción de especies que no estaban presentes en el ecosistema antes de la perturbación (por ejemplo, la recuperación de un bosque utilizando especies pioneras). En resumen, la rehabilitación suele implicar una restauración parcial del ecosistema.

NOTA

Globalmente, tanto las Metas de Aichi como el Desafío de Bonn de la UICN en 2011, junto con los Objetivos de Desarrollo Sostenible (ODS) de la Agenda 2030 de las Naciones Unidas, abordan la restauración de ecosistemas. A nivel europeo, la Estrategia de la Unión Europea sobre Biodiversidad para el año 2020, adoptada en 2011, y la Comunicación de la Comisión sobre Infraestructura Verde: Mejora del Capital Natural de Europa, emitida en 2013, buscan detener la pérdida de biodiversidad mediante la mejora de la conectividad y la funcionalidad de los ecosistemas.

Algunos de los métodos de recuperación y regeneración de recursos naturales abarcan una amplia gama de enfoques, desde técnicas tradicionales hasta innovaciones tecnológicas. Aquí se muestra un desglose general de algunos métodos comunes:

- **Restauración ecológica.** Con este término nos referimos al proceso de recuperación de ecosistemas degradados o destruidos, con el objetivo de restablecer su estructura, función y biodiversidad original. Esto puede implicar la reintroducción de especies nativas, la restauración de hábitats naturales y la rehabilitación de áreas afectadas por la contaminación o la degradación del suelo.
- **Reforestación y arboricultura.** La reforestación consiste en plantar árboles en áreas que anteriormente fueron deforestadas o degradadas, con el fin de restaurar la cobertura forestal y mejorar la calidad del suelo y del agua. La arboricultura se centra en el cuidado y mantenimiento de árboles, incluyendo la poda, fertilización y control de plagas, para promover su crecimiento saludable y contribuir al equilibrio ecológico.
- **Gestión de cuencas hidrográficas.** Implica el manejo integrado de los recursos hídricos dentro de una cuenca hidrográfica, incluyendo ríos, arroyos, lagos y acuíferos. Esto abarca la conservación del agua, la prevención de la erosión del suelo, la gestión de inundaciones, la protección de los ecosistemas acuáticos y la promoción de prácticas agrícolas sostenibles.
- **Técnicas de ingeniería natural.** Son métodos y prácticas basadas en procesos naturales para la protección y restauración de ecosistemas, como la construcción de humedales artificiales, la creación de barreras vivas para reducir la erosión costera y la implementación de técnicas de bioingeniería para estabilizar taludes y controlar la sedimentación.

- **Prácticas agrícolas sostenibles.** Se refiere a enfoques de producción agrícola que minimizan el impacto ambiental y promueven la conservación de recursos naturales, como el uso eficiente del agua, la rotación de cultivos, la agricultura orgánica, el manejo integrado de plagas y la conservación de la biodiversidad agrícola.
- **Tecnologías Innovadoras.** Incluyen desarrollos tecnológicos y científicos que ayudan a abordar los desafíos ambientales, como la energía renovable, la captura y almacenamiento de carbono, la bioingeniería, la monitorización remota de ecosistemas, y el uso de inteligencia artificial para la gestión de recursos naturales.
- **Participación comunitaria y educación ambiental.** Son estrategias fundamentales para fomentar la conciencia ambiental y promover la acción colectiva hacia la conservación del medioambiente. Esto puede incluir programas de educación ambiental en escuelas, talleres comunitarios sobre prácticas sostenibles y la participación activa de la comunidad en proyectos de conservación y restauración ambiental.

Hay que señalar, además, que el éxito de los métodos de recuperación y regeneración del recurso natural depende en gran medida de la integración de diferentes enfoques multidisciplinarios, así como de la colaboración entre diferentes partes interesadas y de un compromiso a largo plazo con la conservación y el manejo sostenible de los ecosistemas.

3.8. Aplicación de normas de seguridad y salud

El ámbito de la seguridad y el medioambiente abarca una amplia gama de actividades, como el tratamiento del agua, la gestión de residuos, el control de plagas, la vigilancia y la extinción de incendios. Dada esta diversidad, resulta difícil abordar los riesgos específicos asociados con cada actividad individualmente. En cambio, se enfatizan los riesgos comunes a todas estas actividades, y se implementan medidas preventivas generales que ayudan a evitar situaciones de riesgo particulares en cada una de ellas.

En este contexto, el campo multidisciplinario que abarca medioambiente, salud y seguridad (EHS) se enfoca en salvaguardar la salud humana y el entorno natural en diferentes entornos, como lugares de trabajo, comunidades y espacios públicos. Sus principales objetivos incluyen la identificación y mitigación de riesgos potenciales, la prevención de accidentes y la promoción de entornos seguros y saludables.

Los organismos gubernamentales encargados del EHS, como la Agencia de Protección Ambiental (EPA) y la Administración de Seguridad y Salud

Ocupacional (OSHA) en Estados Unidos, establecen regulaciones para garantizar el cumplimiento de normas que salvaguarden el medioambiente, la seguridad laboral y la salud. A nivel internacional, la Organización Internacional de Normalización (ISO) desarrolla estándares y certifica a las organizaciones que los cumplen.

NOTA

El término *EHS* puede ser conocido como HSE *(health, safety and environment)* en algunas regiones y contextos. Existen varios acrónimos similares, como SHE, OHS, WHS, QHSE, HSSE, que se refieren esencialmente a la misma disciplina.

El EHS abarca tres disciplinas interrelacionadas:

- **Protección del medioambiente.** Esta disciplina se centra en preservar y proteger los recursos naturales y el entorno en el que vivimos. Incluye la gestión de la calidad del aire, del agua y del suelo para prevenir la contaminación y la degradación ambiental. Esto implica monitorear y controlar las emisiones de contaminantes, la gestión adecuada de residuos y la conservación de la biodiversidad.
  Las acciones en esta área tienen como objetivo reducir los impactos negativos de las actividades humanas en los ecosistemas y garantizar la sostenibilidad ambiental a largo plazo.
- **Seguridad laboral.** Se enfoca en garantizar condiciones de trabajo seguras y saludables para los empleados. Esto implica identificar, evaluar y controlar los riesgos laborales que pueden causar lesiones, enfermedades o accidentes en el lugar de trabajo. Las medidas de seguridad laboral incluyen la implementación de equipos de protección personal, el diseño ergonómico de los lugares de trabajo, la formación en seguridad, la identificación y gestión de peligros, así como la realización de inspecciones y auditorías de seguridad.
  El objetivo es prevenir accidentes laborales y proteger la salud y el bienestar de los trabajadores.
- **Salud y bienestar.** Esta disciplina está enfocada a promover la salud y el bienestar de las personas en general, tanto dentro como fuera del entorno laboral. Incluye la identificación y evaluación de riesgos para la salud, la prevención de enfermedades ocupacionales, la promoción de estilos de vida saludables y la gestión de programas de bienestar para los empleados. También abarca la respuesta a emergencias de salud

pública, como brotes de enfermedades infecciosas o eventos ambientales adversos.

El objetivo principal es mejorar la calidad de vida y el bienestar de las personas, contribuyendo así a una sociedad más saludable y resiliente.

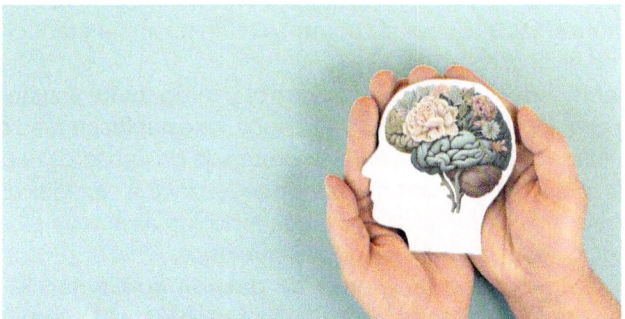

En conjunto, estas disciplinas buscan garantizar entornos seguros, saludables y sostenibles para las personas y el medioambiente. La integración efectiva de estas áreas de trabajo permite una gestión más eficaz de los riesgos y una mejora continua del desempeño en materia de salud, seguridad y medioambiente.

3.9. Protección medioambiental en el análisis de dicho aspecto ambiental

El análisis en la evaluación de aspectos ambientales dentro del Sistema de Administración de Seguridad Industrial y Protección al Ambiente es un aspecto fundamental para identificar y comprender los impactos ambientales de las operaciones industriales y establecer medidas efectivas de control y mitigación.

Este análisis se lleva a cabo siguiendo los siguientes pasos:

1. **Identificación de aspectos ambientales significativos.** El primer paso es identificar todos los aspectos ambientales relacionados con las actividades, productos o servicios de la organización. Esto puede incluir emisiones atmosféricas, vertidos de aguas residuales, generación de residuos, consumo de recursos naturales, entre otros. Se presta especial atención a aquellos aspectos que tienen el potencial de causar impactos significativos en el medioambiente.

2. **Evaluación de impactos ambientales.** Una vez identificados los aspectos ambientales, se evalúa cómo estos pueden afectar al medioambiente. Se analiza la magnitud, la frecuencia y la duración de los impactos

potenciales, así como su alcance geográfico y la sensibilidad de los receptores ambientales. Esta evaluación permite priorizar los aspectos más críticos para la gestión ambiental.

3. **Análisis de riesgos ambientales.** Se realiza un análisis de riesgos para determinar la probabilidad y las consecuencias de los impactos ambientales identificados. Esto ayuda a identificar las áreas de mayor riesgo y a priorizar las acciones de control y mitigación para reducir estos riesgos a un nivel aceptable.

4. **Definición de medidas de control y mitigación.** Tomando como base la evaluación de impactos y riesgos, se establecen medidas de control y mitigación para prevenir la ocurrencia de impactos negativos o reducir su magnitud. Estas medidas pueden incluir cambios en los procesos operativos, la implementación de tecnologías más limpias y la optimización de la gestión de residuos, entre otros.

5. **Implementación de planes de gestión ambiental.** Se desarrollan e implementan planes de gestión ambiental que incluyen las medidas de control y mitigación identificadas, así como los procedimientos operativos necesarios para su aplicación. Se asignan responsabilidades claras y se establecen mecanismos de seguimiento y revisión para garantizar la efectividad de las medidas implementadas.

6. **Monitoreo y seguimiento.** Se establecen sistemas de monitoreo para evaluar continuamente el desempeño ambiental y verificar la eficacia de las medidas implementadas. Esto incluye la recolección de datos ambientales, la realización de inspecciones y auditorías ambientales, y el análisis de tendencias para detectar desviaciones y tomar acciones correctivas según sea necesario.

7. **Revisión y mejora continua.** Se realiza una revisión periódica del sistema de gestión ambiental para identificar oportunidades de mejora y asegurar su alineación con los objetivos organizacionales y los requisitos legales y reglamentarios aplicables. Se promueve la mejora continua mediante la retroalimentación, la revisión de procesos y la implementación de acciones correctivas y preventivas.

En líneas generales, el análisis en la evaluación de aspectos ambientales es un proceso sistemático y estructurado que permite identificar, evaluar, controlar y mejorar el desempeño ambiental de una organización, contribuyendo así a la protección del medioambiente y al cumplimiento de sus compromisos de responsabilidad social y legal.

4. Resumen

El impacto medioambiental abarca una amplia gama de efectos que las actividades humanas tienen sobre el entorno natural. Estos efectos pueden variar desde la contaminación del aire, el agua y el suelo hasta la pérdida de hábitats, la degradación de ecosistemas, el agotamiento de recursos naturales y el cambio climático. Se clasifican de la siguiente manera:

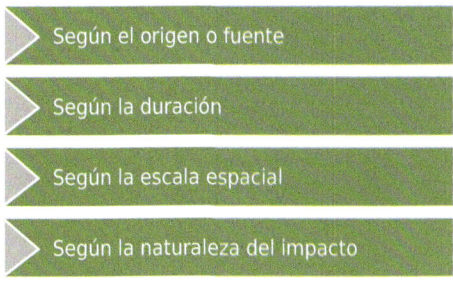

La evaluación del impacto ambiental es una herramienta crucial para entender y prever los efectos de las acciones humanas en el medioambiente. Este proceso implica la identificación y evaluación de los aspectos ambientales de una actividad, proyecto o plan, así como la estimación de los posibles riesgos e impactos asociados. Además, la evaluación del impacto ambiental proporciona una base sólida para la toma de decisiones informadas, permitiendo la implementación de medidas de control y mitigación para minimizar los impactos negativos y maximizar los beneficios ambientales.

En el aspecto técnico y legal, los créditos de carbono (CO_2) y el Protocolo de Kyoto son instrumentos importantes en la lucha contra el cambio climático. Los créditos de carbono permiten a las empresas compensar sus emisiones de gases de efecto invernadero invirtiendo en proyectos de reducción de emisiones en otros lugares. El Protocolo de Kyoto es un acuerdo internacional que establece compromisos de reducción de emisiones para los países desarrollados, con el objetivo de mitigar el cambio climático y sus impactos.

Para definir con claridad el impacto ambiental de una empresa u organización, el inventario de contaminación y el control de la contaminación son aspectos clave en la gestión ambiental de las empresas y las industrias. Este obliga a localizar y cuantificar los contaminantes liberados al medioambiente como resultado de las actividades humanas. Por otro lado, el control de la contaminación incluye una serie de medidas y tecnologías diseñadas para reducir, prevenir o eliminar la liberación de contaminantes al medioambiente.

En este contexto, la protección medioambiental es un objetivo fundamental en la gestión de cualquier actividad humana. A través de la evaluación y el control de los impactos ambientales, la aplicación de instrumentos legales y técnicos, y el compromiso con la sostenibilidad, podemos contribuir a la preservación de nuestro entorno natural y garantizar un futuro saludable y sostenible para las generaciones venideras.

Ejercicios de autoevaluación
Unidad de Aprendizaje 3

1. Identifica cuál no es un tipo de impacto ambiental.

    a. Impacto ambiental directo.
    b. Impacto ambiental permanente.
    c. Impacto ambiental acumulativo.
    d. Todas las opciones son correctas.

2. ¿Cuál de los siguientes tipos de contaminación se produce principalmente por la emisión de gases y la quema de combustibles fósiles en procesos industriales, transporte y actividades agrícolas?

    a. Contaminación del suelo
    b. Contaminación del agua
    c. Contaminación del aire
    d. Contaminación lumínica

3. ¿Qué es la lluvia ácida?

    a. Son compuestos ácidos que son precipitados sobre la superficie terrestre por la lluvia.
    b. Es el producto de la condensación del vapor de agua en la atmósfera.
    c. Es cuando una masa de aire húmedo se topa con un relieve montañoso y, en su ascenso por la ladera, se enfría.
    d. Todas las opciones son incorrectas.

4. Los créditos de carbono que se basan en contratos motivados por esquemas corporativos voluntarios y de comercialización son...

    a. ... proyectos de aplicación conjunta o *joint venture implementation* (ERU).
    b. ... derechos de emisión (EUA o AAU).
    c. ... proyectos de desarrollo limpio (CDM).
    d. ... reducción de emisiones (VER).

5. Determina si la siguiente oración es verdadera o falsa: "En el mecanismo de aplicación conjunta (JCM), los países industrializados invierten en proyectos en otros países que también son partes del Protocolo de Kioto, generando créditos de carbono que se utilizan para cumplir con los compromisos de reducción de emisiones del país inversor".

   ■ Verdadero
   ■ Falso

6. Ordena las fases para el análisis de contaminantes en una empresa.

   a. Identificación de fuentes de contaminación
   b. Muestreo y análisis de emisiones
   c. Evaluación de resultados
   d. Identificación de medidas correctivas
   e. Implementación de planes de gestión ambiental
   f. Monitoreo continuo y mejora

7. Las fuentes puntuales de contaminación...

   a. ... son principalmente generadas por vehículos de transporte.
   b. ... son actividades móviles que contribuyen a la contaminación en áreas específicas.
   c. ... provienen de instalaciones o actividades específicas que permanecen en un lugar fijo.
   d. ... son fenómenos naturales como la actividad volcánica.

8. Identifica cuál de los siguientes no forma parte del ciclo de emisión-deposición de contaminantes atmosféricos.

   a. Mezcla de contaminantes
   b. Procesos químicos y fotoquímicos
   c. Procesos biológicos
   d. Deposición

9. **¿Cuál de las siguientes afirmaciones sobre las influencias de la dispersión de contaminantes es verdadera?**

    a. La estratificación del aire no afecta la dispersión de los contaminantes.
    b. Las inversiones térmicas promueven la circulación vertical del aire.
    c. Las brisas marinas no tienen influencia en la dispersión de los contaminantes.
    d. La dirección y la velocidad del viento influyen en la dispersión de los contaminantes.

10. **¿Qué son los contaminantes secundarios?**

    a. Los emitidos directamente por fuentes puntuales.
    b. Los que se forman únicamente por procesos naturales.
    c. Los que persisten en la atmósfera durante períodos prolongados y pueden transportarse a grandes distancias antes de depositarse en la superficie terrestre.
    d. Los generados exclusivamente por actividades móviles.

Sistema de gestión ambiental (SGA)

Contenido

Objetivos

El objetivo general de esta Unidad de Aprendizaje es:

→ Aplicar operaciones de puesta en marcha de sistemas de gestión ambiental (SGA) en una organización, indicando la estructura implicada y distribución de responsabilidades entre el personal.

Los objetivos específicos de esta Unidad de Aprendizaje son:

→ Establecer un diagnóstico Inicial y evaluación del impacto ambiental.

→ Identificar los objetivos y metas ambientales.

→ Desarrollar políticas y procedimientos ambientales.

→ Implementar un sistema de gestión medioambiental.

→ Monitorear y medir el desempeño ambiental.

→ Elaborar una declaración ambiental.

1. Introducción

La implementación de un sistema de gestión ambiental (SGA) es fundamental para asegurar que una empresa u organización opere de manera responsable y sostenible en relación con el medioambiente. La clasificación de la estructura del SGA implica una serie de pasos clave, que abarcan desde la definición del alcance del sistema hasta la elaboración de informes y la revisión por la dirección.

El SGA proporciona un marco estructurado para identificar, controlar y mejorar el desempeño ambiental de una organización, abordando aspectos como la gestión de residuos, la eficiencia energética y la reducción de emisiones, entre otros. En este sentido, la clasificación y estructuración del SGA se convierte en un paso fundamental para su implementación efectiva, involucrando la definición del alcance del sistema, la evaluación de aspectos ambientales, el cumplimiento de requisitos legales y la elaboración de objetivos y programas ambientales. Este proceso no solo contribuye al cumplimiento normativo, sino que también promueve la adopción de prácticas ambientales más sostenibles y la mejora continua en la gestión ambiental de la organización. En este contexto, este documento propone una serie de objetivos clave derivados de la clasificación de la estructura del SGA, con el fin de guiar y orientar el desarrollo e implementación efectiva de sistemas de gestión ambiental en diferentes organizaciones.

Una vez que Fabián ha ordenado todos los aspectos medioambientales de la empresa de Mariola, ya solo queda llevar la instauración del SGA propiamente dicho. Con todo lo aprendido la empresa de Mariola verá claramente reducido su impacto ambiental y contribuirá a la lucha contra el cambio climático, al tiempo que mejora su reputación como una empresa comprometida con la responsabilidad ambiental.

2. Clasificación de la estructura del sistema de gestión ambiental (SGA)

 **HILO CONDUCTOR**

Como primer paso, deberá definir el alcance de la empresa, realizando para ello un diagnóstico inicial de los aspectos ambientales con el objetivo de cumplir con los requisitos legales y establecer metas coherentes.

La clasificación de la estructura del sistema de gestión ambiental (SGA) es un paso fundamental en el proceso de implementación, ya que permite organizar y estructurar todos los componentes necesarios para su funcionamiento adecuado. Esto implica identificar y categorizar cada elemento del SGA, como políticas ambientales, objetivos, procedimientos operativos, roles y responsabilidades, registros de seguimiento y evaluación, etc.

Al clasificar la estructura de un SGA, se establecen las bases para una gestión ambiental efectiva y eficiente en la organización, además de facilitar la identificación de áreas de mejora y la implementación de acciones correctivas y preventivas. Al tener una visión clara de todos los componentes del sistema, la empresa puede identificar rápidamente posibles puntos débiles o áreas de incumplimiento y tomar medidas para abordarlos de manera efectiva.

La clasificación de la estructura del SGA es un paso esencial para garantizar una gestión ambiental efectiva y sostenible en la organización. Proporciona un marco claro y coherente para todas las actividades relacionadas con el medioambiente.

2.1. Definición del alcance del sistema de gestión ambiental en la organización

La determinación del alcance de un sistema de gestión ambiental surge de un análisis exhaustivo que tiene en cuenta los riesgos, compromisos, metas y responsabilidades adquiridas por la organización con sus diversas partes interesadas, como la comunidad, los empleados, los inversores y los clientes. La correcta delimitación del alcance es fundamental, ya que determina la eficacia de su estructura operativa para alcanzar los objetivos ambientales, reducir el impacto ambiental de las operaciones y cumplir con las normativas regulatorias vigentes.

Determinar el alcance del sistema de gestión ambiental conforme a los principios de la norma ISO 14001:2015 es esencial para garantizar su eficaz operatividad.

Es crucial tener en cuenta que, dentro de la estructura de la ISO 14001, en la sección 4 de este estándar internacional se encuentra el **apartado 4.3,** donde se especifica el **alcance del sistema de gestión ambiental.** Aquí no solo se enfatiza en el cuidado y respeto al medioambiente, sino que también se subraya la importancia de definir claramente el alcance.

 DEFINICIÓN

Alcance

En el marco de la norma ISO 14001:2015, puede definirse como el contexto de aplicación o la extensión de una actividad. Es vital considerar todos los factores que podrían impactar en el sistema al definir los aspectos que se pretenden abordar en el sistema de gestión ambiental (SGA) y evaluar sus posibles efectos en su desempeño.

Dentro de la sección 4.3 de la norma, se deben considerar varios factores que representan caminos prácticos y viables para la empresa:

Problemas externos e internos
- Estos desafíos aseguran que el alcance esté correctamente definido y que el SGA sea eficiente. Esto incluye las necesidades sociales del entorno empresarial, así como factores políticos o influencias gubernamentales.

Cumplimiento de compromisos
- Todas las obligaciones de cumplimiento deben ser consideradas para garantizar la compatibilidad y eficacia del SGA, demostrando así la sostenibilidad de las actividades de la empresa.

Continúa en página siguiente >>

<< Viene de página anterior

Unidades empresariales, funciones y límites físicos
- Estos factores proporcionan información esencial sobre el funcionamiento real de la empresa y ayudan a delimitar el alcance del SGA.

Actividades, servicios y productos
- La definición clara de estas áreas permite evaluar su impacto en el ámbito organizacional y contribuye a la eficiecia del SGA.

Autoridad y capacidad de control e influencia
- Es fundamental que el SGA ejerza un control adecuado sobre sus componentes y demuestre influencia en los aspectos externos que puedan afectar su implementación.

Es importante que el alcance definido se mantenga actualizado y esté disponible para las partes interesadas como documentación esencial del sistema. Esto facilita su revisión y mejora continua, asegurando así la efectividad y relevancia del SGA en el tiempo.

NOTA

Después de establecer el alcance del sistema de gestión ambiental, es crucial realizar un análisis meticuloso de los factores considerados. A partir de este análisis se deben identificar las actividades, servicios y productos que, debido a su naturaleza, podrían tener aspectos ambientales significativos. Además, como se mencionó anteriormente, es fundamental mantener el alcance como información debidamente documentada, accesible para todas las partes interesadas. Esto garantiza la transparencia y la disponibilidad continua de la información relevante para el sistema de gestión ambiental.

2.2. Diagnóstico inicial sobre aspectos ambientales aplicables a la organización

En el ámbito especificado por el sistema de gestión ambiental, la organización debe identificar los aspectos ambientales de sus operaciones, productos y servicios que puede dirigir y aquellos en los que puede ejercer influencia, junto con sus efectos en el medioambiente considerando todo el ciclo de vida.

En la norma ISO 14001:2015, se establece que un **aspecto ambiental** es asegurar la precisa identificación de aquellos factores que son pertinentes y significativos para las actividades comerciales de las organizaciones, especialmente cuando se producen productos que tienen interacciones con el medioambiente. Este principio es especialmente relevante en sectores como la construcción, donde los resultados y los impactos ambientales pueden ser significativos si no se identifican adecuadamente y se gestionan de manera efectiva.

Dentro del alcance definido por el sistema de gestión ambiental la empresa debe:

○ **Determinar los aspectos ambientales.** Este proceso implica identificar y evaluar los elementos de las actividades, productos o servicios de la organización que pueden interactuar con el medioambiente. Los aspectos ambientales pueden incluir emisiones atmosféricas, vertidos de aguas residuales, generación de residuos, consumo de recursos naturales, entre otros. Es importante identificar tanto los aspectos ambientales directos como los indirectos, así como evaluar su magnitud y su posible impacto en el medioambiente.

○ **Controlar las actividades, servicios o productos que puedan influir.** Una vez identificados los aspectos ambientales, la organización debe implementar medidas para controlar y reducir su impacto negativo en el medioambiente. Esto puede implicar el establecimiento de procedimientos operativos, la adopción de tecnologías más limpias, la capacitación del personal, entre otras acciones. El objetivo es minimizar o eliminar los efectos adversos de las actividades de la organización en el entorno ambiental.

○ **Conocer los impactos ambientales asociados.** Es fundamental comprender cómo los aspectos ambientales identificados pueden afectar al medioambiente. Esto implica evaluar los impactos potenciales en términos de calidad del aire, calidad del agua, biodiversidad, uso de suelo, entre otros aspectos. Al comprender estos impactos, la organización puede tomar decisiones informadas sobre cómo gestionar sus actividades de manera más sostenible y responsable ambientalmente.

Una vez identificados estos aspectos, se procede a examinar, evaluar y priorizar los impactos ambientales de los productos o servicios. Es importante diferenciar entre los aspectos ambientales y los impactos ambientales según la ISO 14001:2015. Los impactos pueden ser cualquier cambio en el medioambiente, ya sea positivo o negativo, significativo o insignificante, causado por las actividades, productos o servicios de la empresa.

El análisis de aspectos ambientales debe ser llevado a cabo por la organización e incluir los siguientes pasos:

Identificación de los aspectos ambientales
- Es necesario identificar todos los elementos relacionados con las actividades, productos o servicios de la organización que puedan tener un impacto en el medioambiente.

Evaluación de los aspectos ambientales
- Una vez identificados, se debe evaluar el impacto ambiental que generan para determinar su importancia relativa.

Determinación de los aspectos ambientales significativos
- Aquellos aspectos que tienen un impacto importante en el medioambiente se consideran significativos y requieren medidas específicas para minimizar su impacto.

Establecimiento de objetivos, metas y programas de gestión ambiental
- Una vez identificados los aspectos significativos, se deben establecer objetivos y metas para gestionarlos de manera efectiva, así como desarrollar programas para su implementación.

Al realizar este análisis, es fundamental considerar varios factores, como el ciclo de vida de los productos y servicios de la organización, que abarca desde la extracción de materias primas hasta su disposición final. También se deben tener en cuenta los requisitos legales y reglamentarios aplicables, que pueden incluir normativas ambientales y otros aspectos relacionados con la gestión ambiental.

APLICACIÓN PRÁCTICA

Pablo no tiene muy claro por qué debe identificar y evaluar los aspectos ambientales para determinar el alcance dentro de un SGA. Aprovechando que su empresa tiene contratada una asesoría ambiental, le escribe un *e-mail* para que le aclare estos aspectos.

¿Qué crees que contestará la asesoría a la pregunta de Pablo? ¿Por qué es crucial llevar a cabo un proceso de identificación y evaluación de los aspectos ambientales en una organización?

Solución

Para identificar y comprender los elementos operativos que pueden impactar en el medioambiente.

- -

El proceso de identificación y evaluación de los aspectos ambientales en una organización tiene como objetivo principal comprender cómo las actividades, productos o servicios de la empresa pueden afectar al medioambiente.

Al identificar estos aspectos, la organización puede tomar medidas proactivas para minimizar su impacto ambiental, mejorar su desempeño ambiental y cumplir con sus objetivos de sostenibilidad.

Además, comprender estos elementos operativos es crucial para desarrollar estrategias efectivas de gestión ambiental y garantizar la protección del medioambiente a largo plazo.

2.3. Metodología de identificación y puntualización de requisitos legales y otros requisitos aplicables a la organización

Las disposiciones legales y reglamentarias de la norma ISO 14001 se encuentran en las secciones 5 y 6 del estándar. La sección 5 establece de manera general que cada organización tiene requisitos y responsabilidades de cumplimiento.

La sección 6.1.3 amplía el concepto de las responsabilidades de cumplimiento, señalando que "la organización determinará y garantizará el acceso a todas las obligaciones de cumplimiento relacionadas con la gestión ambiental". Esto implica definir cómo estas obligaciones se aplicarán a la organización y considerarlas al implementar acciones para mantener y mejorar el sistema de gestión ambiental.

El anexo A de la norma proporciona más detalles sobre las obligaciones de cumplimiento, especificando que estas incluyen tanto requisitos legales como otras obligaciones que la organización decida cumplir de manera voluntaria.

Los requerimientos legales vinculados a los aspectos ambientales de una organización comúnmente abarcan:

1. Mandatos de organismos gubernamentales y otras autoridades pertinentes.
2. Normativas, leyes y decretos con aplicabilidad a nivel local, nacional o internacional.
3. Exigencias estipuladas en permisos, licencias u otras formas de autorización.
4. Normas, directrices e instrucciones emitidas por agencias reguladoras.
5. Fallos de tribunales o instancias judiciales.

El proceso para la identificación y aplicación del cumplimiento de requisitos legales es el siguiente:

1. **Acceso a requisitos legales y otros requisitos.** La organización debe disponer de una metodología, dentro del sistema de gestión ambiental, para acceder a los nuevos requisitos legales y voluntarios que le sean de aplicación. Es necesario identificar la normativa legal de aplicación a nivel europeo, nacional, autonómico y local.
   Para el acceso a requisitos legales en materia ambiental la organización puede elegir entre alguna de las siguientes opciones:

   ☯ Consultas periódicas a webs de las Administraciones públicas para identificar nuevos textos legales publicados.
   ☯ Contratación de un servicio jurídico externo que con una frecuencia determinada aporta la información.
   ☯ Suscripción a listas de distribución gratuitas de diferentes entidades como cámaras de comercio, fundaciones, asociaciones, etc.

   La organización debe mantener evidencias documentadas, registros, de estas actividades relativas a la identificación de requisitos legales.

Las fuentes de requisitos voluntarios en materia ambiental pueden ser:

- Contratos de clientes con pautas de comportamiento ambiental sobre la gestión de los residuos, embalaje de productos, etc.
- Acuerdos de carácter ambiental suscritos con terceros como asociaciones, administraciones públicas, proveedores, etc.

2. **Aplicación de requisitos legales y otros requisitos.** La organización debe establecer las actividades necesarias para extraer la información de los textos legales y detallar la aplicación práctica concreta de los mismos. Entre otros aspectos es necesario identificar la legislación aplicable a la gestión de residuos, las emisiones atmosféricas, los vertidos, la seguridad industrial o el transporte de mercancías peligrosas. Los requisitos a identificar, por ejemplo, pueden ser:

- Disponer de licencia de actividad
- Realizar el estudio preliminar de suelos
- Disponer de autorización de vertido
- Poseer el libro de registro de residuos peligrosos
- Etc.

Los requisitos legales y otros requisitos aplicables son asociados a los aspectos ambientales y definirán los controles y pautas de control operacional a llevar a cabo para mejorar el desempeño ambiental y el cumplimiento estricto de los requisitos.

2.4. Evaluación del cumplimiento legal

Una vez finalizado el proceso de identificación de los requisitos legales y otros aplicables al sistema de gestión ambiental (SGA), es fundamental llevar a cabo evaluaciones periódicas para medir el grado de cumplimiento de estos requisitos. Es importante destacar que estas evaluaciones difieren de las auditorías internas del SGA, aunque la información analizada en ambos procesos puede coincidir.

La periodicidad de estas evaluaciones puede ser anual, semestral o trimestral, dependiendo de las necesidades y complejidades de la organización. Durante estas evaluaciones, se revisarán todos los requisitos identificados que son aplicables en materia de gestión ambiental. Si se detectan incumplimientos, la organización deberá implementar acciones correctivas para resolverlos.

Estas acciones correctivas pueden incluir cambios en los procesos, actualización de políticas y procedimientos, capacitación del personal, etc. El objetivo es garantizar que la organización cumpla con todos los requisitos legales y otros aplicables relacionados con su sistema de gestión ambiental, demostrando así su compromiso con la protección del medioambiente y la sostenibilidad.

Evaluación del cumplimiento legal
- Una vez realizada la identificación de los requisitos legales y otros requisitos aplicables en materia ambiental, la organización debe realizar evaluaciones periódicas del grado de cumplimiento de los mismos. Estas evaluaciones han de diferenciarse de las auditorías internas de los sistemas de gestión, si bien la información analizada al respecto es compartida en ambos procesos. - En consecuencia, periódicamente, cada tres, seis meses, y como máximo anual para organizaciones sencillas, la organización debe revisar el cumplimiento de los requisitos detectados en el punto anterior. Ante aquellos posibles incumplimientos, la organización deberá emprender las acciones correctivas oportunas para su solución.

Gestionar eficazmente los requisitos legales en un sistema de gestión ambiental (SGA) según la norma ISO 14001 no se limita a realizar un estudio único de la normativa aplicable. Dado que la legislación ambiental está en constante evolución, es esencial asegurar que el sistema utilizado para acceder a la legislación ambiental esté continuamente actualizado con las últimas modificaciones incorporadas.

En un **SGA ISO 14001,** es fundamental establecer un proceso sistemático para el seguimiento y la actualización de la legislación, con el fin de identificar los cambios legales que afecten a la organización. Esto requiere un esfuerzo continuo para mantenerse al día.

Entre las fuentes que se pueden consultar para conocer la legislación aplicable en materia medioambiental se incluyen:

> Diario Oficial de la Unión Europea

Continúa en página siguiente >>

<< Viene de página anterior

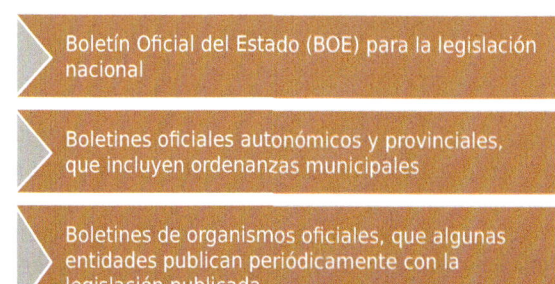

Boletín Oficial del Estado (BOE) para la legislación nacional

Boletines oficiales autonómicos y provinciales, que incluyen ordenanzas municipales

Boletines de organismos oficiales, que algunas entidades publican periódicamente con la legislación publicada

Sitios web, blogs y foros de fuentes no oficiales, que pueden ayudar a encontrar cambios en la legislación, pero requieren corroboración con fuentes oficiales

Servicios de actualización legislativa, que garantizan el cumplimiento del punto 4.3.2 de la norma ISO 14001

El uso de herramientas especializadas puede ser especialmente beneficioso, ya que proporcionan una garantía adicional de cumplimiento con los estándares de la norma ISO 14001, al mantener actualizada la información sobre la legislación ambiental relevante. Esto ayuda a las organizaciones a mantenerse al día con los cambios legales y a cumplir de manera efectiva con sus obligaciones legales en materia ambiental.

2.5. Objetivos, metas y programas

Una vez que se han analizado los efectos que la organización o empresa de estudio tienen sobre el medioambiente, y considerando los lineamientos generales definidos en la política ambiental, podemos fijar metas específicas y objetivos generales para avanzar de manera constante en la mejora del desempeño ambiental. En este contexto, la organización debe definir, ejecutar y conservar objetivos y metas ambientales documentados, adecuados a los niveles y roles pertinentes en la organización.

 **DEFINICIÓN**

Programas ambientales

Son planes de acción detallados diseñados para alcanzar los objetivos y metas ambientales establecidos por la organización. Estos programas describen las actividades específicas que se llevarán a cabo, los recursos necesarios, los responsables de su ejecución y los plazos de realización. Pueden incluir medidas para evaluar y monitorear el progreso hacia el logro de los objetivos y metas ambientales.

Estos objetivos y metas **deben ser cuantificables** cuando sea posible, y **deben estar en línea con la política ambiental**, que incluye compromisos de prevención de la contaminación, cumplimiento de requisitos legales y otros, y mejora continua.

Al establecer y revisar estos objetivos y metas, la organización debe considerar tanto los requisitos legales y otros compromisos como sus aspectos ambientales significativos. Además, debe tener en cuenta las opciones tecnológicas disponibles y las necesidades financieras, operativas y comerciales, así como las opiniones de las partes interesadas.

La organización también debe desarrollar, implementar y mantener uno o más programas para alcanzar estos objetivos y metas. Estos programas deben asignar responsabilidades para lograrlos en los roles y niveles adecuados dentro de la organización, y deben especificar los recursos y plazos necesarios para su consecución.

Objetivos

- Los objetivos son los logros ambientales generales que la organización aspira alcanzar, basados en la política ambiental y los aspectos ambientales significativos, y siempre que sea posible, deben ser cuantificados. Es crucial que:
  - Se establezcan de manera clara y sin ambigüedades.
  - Vayan más allá del mero cumplimiento legal.
  - Estén alineados con la política ambiental de la organización.
  - Fomenten el compromiso con la mejora continua.

La norma también establece pautas para definir objetivos. Algunos que tener en cuenta son:

◗ **Requisitos legales y de otro tipo:**

 ◗ Incluye leyes, regulaciones, normativas y otros requisitos legales que la organización debe cumplir en relación con sus actividades, productos o servicios.
 ◗ Además de los requisitos legales, también pueden incluir estándares de la industria, códigos de práctica, acuerdos voluntarios y otros compromisos que la organización haya asumido.

◗ **Aspectos ambientales significativos:**

 ◗ Son los elementos o actividades dentro de las operaciones de la organización que tienen o pueden tener un impacto significativo en el medioambiente.
 ◗ Estos aspectos pueden incluir emisiones atmosféricas, consumo de recursos naturales, generación de residuos, uso de productos químicos, entre otros.
 ◗ Identificar los aspectos ambientales significativos es fundamental para establecer objetivos y metas ambientales efectivos.

◗ **Opciones tecnológicas:**

 ◗ Se refiere a las diferentes tecnologías disponibles que la organización puede utilizar para reducir o mitigar sus impactos ambientales.
 ◗ Esto puede incluir tecnologías de control de la contaminación, tecnologías de conservación de energía, tecnologías de gestión de residuos, entre otras.
 ◗ Al considerar las opciones tecnológicas, la organización debe evaluar su viabilidad técnica, costos asociados, beneficios ambientales y otros factores relevantes.

◗ **Requisitos financieros:**

 ◗ Implica los recursos financieros necesarios para implementar acciones ambientales y alcanzar objetivos y metas.
 ◗ Esto puede incluir presupuestos asignados para mejoras ambientales, inversiones en tecnologías limpias, costos de cumplimiento con la normativa, entre otros.

⮑ Requisitos operacionales y comerciales:

- ☉ Se refiere a los requisitos internos y externos de la organización relacionados con sus operaciones y actividades comerciales.
- ☉ Esto puede abarcar políticas internas, procedimientos operativos, estándares de calidad, requisitos de clientes y proveedores, entre otros.
- ☉ Es importante considerar cómo las operaciones y actividades comerciales de la organización afectan el medioambiente y cómo pueden mejorarse para cumplir con sus objetivos ambientales.

⮑ Opiniones de las partes interesadas:

- ☉ Incluye las perspectivas, expectativas y preocupaciones de todas las partes interesadas relevantes para la organización en relación con sus impactos ambientales y su desempeño ambiental.
- ☉ Las partes interesadas pueden incluir empleados, clientes, proveedores, comunidades locales, reguladores, grupos ambientales, entre otros.
- ☉ Considerar las opiniones de las partes interesadas es fundamental para comprender cómo las acciones de la organización afectan a diferentes grupos, y para establecer objetivos y metas ambientales que reflejen sus preocupaciones y expectativas.

Es esencial que al menos uno de los objetivos ambientales esté directamente relacionado con la mejora de uno de los aspectos ambientales significativos identificados en la evaluación. Esto es crucial para demostrar una mejora continua, ya que, si ciertos aspectos tienen un impacto significativo en el medioambiente, es necesario comprometerse con su mejora.

Por otro lado, las metas medioambientales se definen como:

Metas
- Las metas medioambientales son los requisitos de desempeño detallados, también cuantificados siempre que sea posible, aplicables a la organización o a partes de ella. Estas metas derivan de los objetivos ambientales y deben cumplirse para lograr dichos objetivos. Las metas representan los hitos cuantificables en el camino hacia el logro de los objetivo. Para ser efectivas, deben ser: - Aceptadas por las personas involucradas.   - Flexibles para adaptarse a nuevas situaciones.   - Cuantificables en términos de tiempo.   - Motivadoras, de lo contrario carecerán de acción.   - Comprensibles para evitar confusiones.   - Alcanzables, de lo contrario pueden desmotivar.

Los indicadores ambientales son medidas cuantitativas o cualitativas utilizadas para evaluar el desempeño ambiental de una organización, proceso, producto o actividad. Estos indicadores proporcionan información objetiva y mensurable sobre el estado del medioambiente, los impactos ambientales y la eficacia de las acciones tomadas para mitigar o prevenir estos impactos.

Aquí hay algunos ejemplos de indicadores ambientales comúnmente utilizados:

Consumo de recursos
- Mide la cantidad de recursos naturales utilizados, como agua, energía, materias primas, combustibles, entre otros.

Emisiones atmosféricas
- Cuantifica las emisiones de contaminantes atmosféricos, como dióxido de carbono (CO_2), óxidos de nitrógeno (NO_x), óxidos de azufre (SO_x), compuestos orgánicos volátiles (COV), entre otros.

Generación de residuos
- Evalúa la cantidad y el tipo de residuos generados por una organización, incluyendo residuos sólidos, líquidos y gaseosos, así como residuos peligrosos y no peligrosos.

Eficiencia en el uso de recursos
- Mide la relación entre la producción o la actividad y el consumo de recursos, como la energía o las materias primas, para evluar la eficiencia en su utilización.

Calidad del agua y del suelo
- Monitorea la calidad del agua y del suelo en términos de contaminantes, pH, nutrientes, metales pesados, pesticidas, entre otros, para evaluar su estado y detectar posibles problemas de contaminación.

Accidentes ambientales
- Registra el número y la gravedad de los incidentes y accidentes ambientales, como derrames de sustancias químicas, fugas de contaminantes, incendios forestales, entre otros.

Cumplimiento legal
- Evalúa el grado de cumplimiento de la organización con la legislación ambiental y otros requisitos aplicables, incluyendo el número de infracciones, multas, y medidas correctivas implementadas.

Estos son algunos ejemplos de indicadores ambientales, sin embargo, los indicadores específicos pueden variar según el tipo de industria, el contexto geográfico, los objetivos ambientales de la organización y otros factores.

IMPORTANTE

Es importante seleccionar indicadores relevantes y significativos que reflejen los aspectos ambientales más importantes y permitan realizar un seguimiento efectivo del desempeño ambiental a lo largo del tiempo.

2.6. Plan de implantación del SGA

La implementación de un sistema de gestión ambiental implica la participación de todo el personal de la organización, en todos los niveles jerárquicos. Se deben formar equipos específicos para llevar a cabo estas tareas. La responsabilidad de la implementación recae en todos los miembros del equipo de manera conjunta, con el representante de la dirección coordinando los esfuerzos del grupo.

Para este propósito es de gran ayuda establecer un organigrama que clarifique las relaciones entre todo el personal que esté involucrado en actividades que puedan afectar al medioambiente. Además del organigrama, se deben definir claramente las **responsabilidades** y la **autoridad** del personal clave identificado en él. Para definir las responsabilidades específicas de cada tarea, lo más práctico es hacerlo dentro de los documentos o procedimientos del sistema de gestión ambiental en los que se planifican estas actividades. De esta manera, se garantiza una clara asignación de roles y responsabilidades en todo el proceso de implementación del sistema.

Para lograr una óptima implantación, es bueno conocer las definiciones de cada punto normativo y su estructura, con el fin de abordar de manera conforme cada requisito.

En esta fase se llevarán a cabo actividades relacionadas con la formación, sensibilización, control y comunicación dentro de la empresa. Con el fin de implementar un **sistema de gestión ambiental**, se deben seguir los pasos siguientes:

⮚ **Estructuras y responsabilidades:**

- Es crucial establecer una distribución clara de las tareas entre los empleados para definir responsabilidades y autoridad dentro de la estructura organizacional. Esta tarea recae en la Alta Dirección.
- La norma enfatiza la necesidad de la dirección de proporcionar recursos esenciales para la implementación y control del sistema de gestión medioambiental, que pueden ser recursos humanos, de formación, tecnológicos o financieros.
- Las funciones y responsabilidades asignadas a los empleados deben asegurar la correcta implementación y mantenimiento del sistema, y estos deben contar con medios de comunicación con la alta dirección para informar sobre el estado del sistema en cualquier momento. Estas competencias deben estar definidas claramente en el manual del Sistema de Gestión.

⮚ **Formación, sensibilización y competencia profesional:**

- Además de asignar responsabilidades, la Alta Dirección debe proporcionar formación y concienciación ambiental a los empleados y transmitirles su compromiso a través de la política ambiental.
- Los empleados que realizan funciones específicas o que pueden causar impactos ambientales deben estar adecuadamente formados, ya sea por sus estudios o por experiencia posterior.

◑ Es fundamental que estos trabajadores comprendan la importancia de cumplir con la política y los procedimientos ambientales, así como los impactos ambientales de sus actividades laborales y las posibles consecuencias de apartarse de los procedimientos especificados.

⊃ **Comunicación:**

◑ La comunicación tanto interna (entre diferentes puestos de emplea-dos y con la Dirección) como externa (con entidades externas que influyen en la actividad de la empresa, vecinos, clientes, autoridades competentes y público en general) debe ser transparente y fluida.
◑ Los documentos comunicativos deben estar disponibles para todas las personas interesadas y para cualquier organismo externo encargado de vigilar y controlar las actividades de la organización.

⊃ **Documentación del Sistema de Gestión Medioambiental:**

◑ Todas las acciones relacionadas con la elaboración del Sistema de Gestión deben documentarse de manera actualizada, incluyendo manuales de gestión, instrucciones operativas, planes, programas y normativas.
◑ El manual proporciona una visión general de las acciones realizadas en la empresa para cumplir con los requisitos de la norma, mientras que los procedimientos detallan cómo se llevan a cabo estas acciones y las instrucciones técnicas.
◑ Los registros indican el cumplimiento de los requisitos del Sistema.

⊃ **Control de la documentación:**

◑ La empresa debe establecer procedimientos para controlar la documentación, asegurando su localización, revisión, aprobación, identificación y conservación según los plazos establecidos.
◑ Esta documentación debe ser legible, fechada y almacenada de manera organizada.

⊃ **Control operacional:**
◑ Se genera documentación para identificar y controlar las operaciones y actividades relacionadas con los aspectos ambientales significativos.
◑ El objetivo es controlar la actividad según requisitos específicos y verificar su resultado, incluyendo actividades que puedan generar efectos indirectos.

⊃ **Plan de emergencia y capacidad de respuesta.** Es esencial para garantizar la seguridad de los empleados frente a posibles accidentes laborales. En los últimos años, la importancia de la prevención de riesgos laborales ha aumentado considerablemente, lo que ha llevado a una mayor disponibilidad de recursos formativos, normativos y materiales para las empresas interesadas.

Un programa efectivo de prevención de riesgos laborales debe incluir:

◑ Identificación y evaluación de posibles accidentes y situaciones de emergencia.
◑ Implementación de medidas preventivas para evitar accidentes.
◑ Desarrollo de planes de emergencia para prevenir y mitigar cualquier impacto ambiental derivado de las emergencias.
◑ Realización de simulacros y planes de evacuación para familiarizar a los empleados con los procedimientos de respuesta en caso de emergencia.
◑ Análisis de las respuestas ante situaciones de emergencia previas para identificar áreas de mejora en los protocolos de actuación.

2.7. Diseño y elaboración de la documentación asociada al SGA

Este requerimiento implica que la organización debe preparar toda la documentación relacionada con el sistema de gestión ambiental. Esto incluye la política ambiental, los objetivos y metas ambientales, el alcance del sistema de gestión ambiental, así como todos los demás elementos que forman parte de los requisitos establecidos.

El diseño y elaboración de documentos deben abarcar temas como regulaciones, normas, métodos, gráficos, *software,* especificaciones, instrucciones, manuales, etc.

Los documentos se clasifican en **internos** (como manuales de gestión, políticas, procedimientos, registros, entre otros) y **externos** (como normativas, leyes, reglamentos). Pueden estar disponibles en formatos electrónicos, físicos (papel) o incluso en forma de fotografías.

Para llevar a cabo el diseño y elaboración de la documentación relativa al SGA, la organización o la empresa, debe:

⮑ **Definir la estructura de la información.** Este paso implica establecer una jerarquía clara y coherente para la documentación del sistema de gestión ambiental. La estructura debe reflejar la organización interna de la empresa y garantizar que todos los documentos estén clasificados de manera lógica y fácilmente accesible para el personal pertinente.

⊃ **Eliminar y/o actualizar documentos obsoletos.** Es fundamental mantener la documentación del sistema de gestión ambiental actualizada y relevante. Los documentos obsoletos pueden llevar a confusiones y errores en la implementación del sistema. Por lo tanto, es importante tener un procedimiento claro para identificar y eliminar los documentos que ya no son válidos, así como para actualizar aquellos que requieran modificaciones.

⊃ **Mantener una lista maestra.** Esta lista maestra sirve como un registro centralizado de todos los documentos del sistema de gestión ambiental. Debe incluir información detallada sobre cada documento, como su tipo, estado (aprobado, vigente, obsoleto), número de revisión y cualquier actualización relevante. Mantener una lista maestra actualizada facilita la gestión y el control de la documentación en toda la organización.

⊃ **Establecer la codificación de la documentación.** La codificación de los documentos es un aspecto clave para su identificación y seguimiento. Al asignar códigos específicos a cada tipo de documento, se facilita su organización y recuperación. Es importante establecer un sistema de codificación claro y coherente que permita a los empleados encontrar rápidamente la información que necesitan.

⊃ **Identificación de los documentos.** Cada documento debe estar claramente identificado con información relevante, como su título, fecha de vigencia, número de revisión y la norma a la que se refiere (en este caso, la ISO 14001). Además, es importante que los documentos incluyan detalles sobre quién los creó, revisó y aprobó, con firmas correspondientes para garantizar la responsabilidad y la trazabilidad.

Estos pasos son fundamentales para garantizar una gestión eficaz de la documentación del sistema de gestión ambiental, lo que a su vez contribuye a la implementación exitosa y el mantenimiento de un sistema de gestión ambiental conforme a las normas establecidas.

La norma proporciona pautas claras sobre qué documentación se requiere. Algunos de los **requisitos documentales** son los siguientes:

Cláusula	Requisito documental
4.3 Alcance	El alcance se mantendrá como información documentada y estará disponible para las partes interesadas.
5.2 Política	La política ambiental se mantendrá como información documentada.

Continúa en página siguiente >>

<< Viene de página anterior

Cláusula	Requisito documental
6.1.1 General	La organización debe mantener información documentada de: - Riesgos y oportunidades que deben abordarse. - Procesos necesarios en 6.1.1 a 6.1.4, en la medida necesaria para asegurar que se llevan a cabo según lo planificado.
6.1.2 Aspectos ambientales	La organización debe mantener información documentada de: - Aspectos ambientales e impactos ambientales asociados. - Criterios utilizados para determinar sus aspectos ambientales significativos. - Aspectos ambientales significativos.
6.1.3 Obligaciones cumplimiento	La organización debe mantener información documentada de sus obligaciones de cumplimiento.
6.2.1 Objetivos ambientales	La organización debe mantener información documentada sobre los objetivos ambientales.
7.2 Competencia	La organización debe mantener información documentada apropiada como evidencia de competencia.
7.4.1 Comunicación – General	La organización debe retener información documentada como evidencia de sus comunicaciones.
7.5.1 Información documentada - general	El sistema de gestión ambiental de la organización debe incluir: a) información documentada requerida por esta norma internacional; b) información documentada determinada por la organización como necesaria para la efectividad del sistema de gestión de medioambiental. El alcance de la información documentada para un sistema de gestión medioambiental puede diferir de una organización a otra debido a: - El tamaño de la organización y su tipo de actividades, procesos, productos y servicios. - La necesidad de demostrar el cumplimento de sus obligaciones de cumplimiento. - La complejidad de los procesos y sus interacciones. - La competencia de las personas.
8.1 Planificación y control operativos	La organización debe mantener información documentada en la medida necesaria para asegurar que los procesos se han llevado a cabo según lo planteado.

Continúa en página siguiente >>

<< Viene de página anterior

Cláusula	Requisito documental
8.2 Respuesta y preparación ante emergencias	La organización debe mantener información documentada en la medida necesaria para asegurar que el proceso se ha llevado a cabo según lo planteado.
9.1.1 Seguimiento, medición, análisis y evaluación - General	La organización debe mantener información documentada como evidencia de los resultados de seguimiento, medición, análisis y evaluación.
9.1.2 Evaluación cumplimiento	Retener la información documentada como evidencia de los resultados de la evaluación de cumplimiento.
9.2.2 Programa de auditoría interna	La organización debe retener información documentada como evidencia de la implementación del programa de auditoría y los resultados de auditoría.
9.3 Revisión por la dirección	Retener información documentada como evidencia de los resultados de las revisiones por la dirección.
10.1 No conformidad y acción correctiva	La organización debe retener información documentada como evidencia de: - La naturaleza de las no conformidades y cualquier acción posterior tomada. - Los resultados de cualquier acción correctiva.

3. Organización del sistema de gestión ambiental

☞ HILO CONDUCTOR

Una vez establecida la estructura del sistema de gestión ambiental, Fabián procede a organizar y estructurar los diferentes elementos en la empresa de Mariola. Esto implica la elaboración de políticas ambientales claras, la designación de responsabilidades y la definición de procedimientos documentados. Además, se establecen mecanismos de comunicación efectivos para garantizar que todos los niveles de la organización estén alineados con los objetivos ambientales y puedan contribuir activamente a su cumplimiento. Mediante una sólida organización del sistema, la empresa con Mariola al mando, se prepara para integrar la gestión ambiental de manera efectiva en todas sus operaciones y actividades.

La organización del sistema de gestión ambiental (SGA) es esencial para cualquier empresa o entidad que busque minimizar su impacto ambiental y cumplir con las regulaciones ambientales aplicables. Un SGA efectivo no solo ayuda a reducir los riesgos ambientales y a mejorar la sostenibilidad de la organización, sino que también puede proporcionar beneficios adicionales, como la mejora de la eficiencia operativa, la reducción de costos y una mejor reputación ante clientes, inversores y la comunidad en general.

El SGA proporciona un marco estructurado y sistemático para identificar, controlar y gestionar los aspectos ambientales de las actividades, productos o servicios de una organización. Al establecer políticas, procedimientos y procesos claros, un SGA permite a la organización integrar consideraciones ambientales en todas sus operaciones y decisiones comerciales.

Además, un SGA bien organizado facilita la gestión proactiva de los riesgos ambientales y la identificación de oportunidades de mejora continua. Esto incluye la reducción de emisiones contaminantes, la optimización del uso de recursos naturales, la prevención de la contaminación, la gestión adecuada de residuos y la promoción de prácticas de producción más sostenibles.

3.1. Elaboración de los documentos del sistema de gestión ambiental

Todas las organizaciones deben elaborar, mantener y actualizar la documentación esencial para su sistema de gestión ambiental (SGA). Usualmente, se hace referencia a **un manual de gestión ambiental** que engloba todos los elementos críticos del sistema.

Este manual constituye el pilar fundamental del SGA. Detalla las responsabilidades, la estructura organizativa y el alcance del sistema. Además, abarca recursos, métodos específicos, procedimientos y cualquier otro documento necesario para el cumplimiento de las exigencias del sistema. Incluye también la política ambiental de la organización y sus objetivos.

IMPORTANTE

El manual trata todas las áreas relacionadas con el SGA. Proporciona información esencial sobre qué hacer, cómo hacerlo, cuándo hacerlo y quién es responsable.

Continúa en página siguiente >>

<< Viene de página anterior

En definitiva, se trata de una herramienta integral que guía la implementación y el mantenimiento efectivo del sistema en la organización.

La documentación del sistema de gestión ambiental (SGA) debe ser exhaustiva. Ha de describir con detalle los elementos esenciales y centrales del sistema, así como sus interacciones, y ofrecer orientación sobre dónde encontrar información más específica sobre una operación particular del SGA. La forma de estructurar esta documentación suele seguir una **jerarquía piramidal**, adaptada según las necesidades y características de cada empresa. Dependiendo de las preferencias y requisitos de la organización, la documentación puede ser almacenada en formato físico o digital. Suele establecerse de forma piramidal de la siguiente manera:

- **Nivel I.** Se trata del manual del Sistema de Gestión Ambiental. En este texto se describe la política ambiental y se utiliza como guía para documentar las responsabilidades y funciones principales, detallar las relaciones del sistema, los fines generales y ofrecer orientación sobre la documentación de referencia. En este escrito se reflejan todos los documentos que conforman el sistema y sirve de base para el desarrollo de los procedimientos específicos, generales e instrucciones.
- **Nivel II.** En el segundo nivel de esta pirámide se encuentran los procedimientos. En estos documentos se recogen los métodos a aplicar y los criterios a seguir para cumplir con los requisitos necesarios con el fin de implementar correctamente un Sistema de Gestión Ambiental. Cada capítulo del manual está desarrollado por uno o varios procedimientos y además en cada capítulo se debe hacer referencia a los procedimientos que desarrolla.
- **Nivel III.** En este nivel se incluyen los procedimientos específicos del Sistema y orientaciones técnicas. Se trata de documentos de un nivel más concreto sobre aspectos puntuales del funcionamiento del Sistema de Gestión Ambiental.
- **Nivel IV.** En este apartado se recoge toda la documentación que debe formar parte del Sistema y que no se encuentra recogida en ninguno de los niveles anteriores. Destacan los registros del Sistema de Gestión Ambiental que proceden del uso de los formatos incluidos en los procedimientos o planes de actuación (plan de formación, de auditoría, etc.).

Una vez desarrollados los cuatro niveles de la organización de la documentación del sistema de gestión ambiental, se debe hablar sobre **el control** de la misma. La responsabilidad recae en la propia organización, que deberá establecer y mantener al día uno o varios procedimientos para tener controlada toda la documentación de su sistema de gestión ambiental.

Es necesario que la documentación esté localizada, se apruebe y se revise cuando sea conveniente, y sea retirada cuando se encuentre obsoleta. La documentación debe identificarse fácilmente (nombre, número o referencia de los documentos), estar accesible en el momento que se precise (distribuyendo copias en los lugares correctos), incluir fechas de edición y revisión y estar totalmente actualizada.

Hay casos en los que el archivo del documento ya antiguo sirva para satisfacer un requisito legal. En ese caso, dicho texto debe identificarse de una forma adecuada.

Finalmente, se debe establecer a una persona como encargada de esta gestión documental para revisar los textos y asegurar que no se contradicen con algún requisito o requerimiento de la norma y, posteriormente, aprobarlo. El archivo de los documentos se mantendrá, durante al menos los **tres años de vigencia del certificado,** aunque alguno de ellos quede en desuso.

NOTA

Toda la documentación que se produzca y genere como consecuencia de la aplicación de los procedimientos del sistema de gestión ambiental que no establezca registros del sistema y aquella documentación externa que afecte a la gestión ambiental serán controlados y analizados.

El objetivo que se persigue en el control de la documentación es establecer los controles necesarios para asegurar que los aspectos ambientales se trabajan adecuadamente, reduciendo los impactos ambientales relacionados, identificando las actividades que puedan provocar colisión con el medioambiente tanto en los servicios como en los procesos de producción.

3.2. Implementación de los procesos y procedimientos aprobados por la organización

Para llevar a cabo una implementación de los procesos y procedimientos con éxito, es fundamental establecer roles, responsabilidades y autoridades claramente definidos y documentados para garantizar una gestión ambiental eficaz. La alta dirección debe asegurar la provisión de los recursos necesarios para implementar y controlar el sistema de gestión ambiental. Es crucial además asignar a cada requisito de la norma un responsable encargado de su ejecución y seguimiento, así como definir los recursos asignados a cada persona responsable del proceso.

Para garantizar la efectiva implementación del sistema de gestión ambiental en la organización, son fundamentales los siguientes puntos:

Personal competente
- Se necesita contar con individuos que posean conocimientos, experiencia y habilidades específicas relacionadas con la gestión ambiental. Esto incluye desde técnicos ambientales hasta profesionales con experiencia en auditorías y cumplimiento normativo.

Equipos e instrumentos adecuados
- Es esencial disponer de equipos, instrumentos y maquinarias que cuenten con la tecnología necesaria para realizar mediciones, análisis y otras actividades relacionadas con la gestión ambiental. Esto puede incluir desde medidores de calidad del aire hasta equipos de monitoreo de vertidos.

Sistemas informáticos eficientes
- Los sistemas de informática son herramientas clave en la gestión ambiental, ya que permiten el seguimiento, registro y análisis de datos ambientales. Es importante contar con sistemas informáticos aptos y actualizados que faciliten estas tareas.

Recursos financieros adecuados
- Se requiere una asignación adecuada de recursos financieros para cubrir las necesidades relacionadas con la implementación y mantenimiento del sistema de gestión ambiental. Esto incluye la inversión en tecnología, capacitación del personal y otros gastos operativos.

Continúa en página siguiente >>

<< Viene de página anterior

Materias primas y suministros
- Desde el punto de vista de la manufactura y procesamiento, es necesario disponer de materias primas, reactivos, material de laboratorio, repuestos y otros elementos necesarios para llevar a cabo las actividades de manera sostenible y respetuosa con el medioambiente.

Es indispensable designar a un **representante de la dirección** que coordine la implementación del sistema y garantice el cumplimiento de la política ambiental y los requisitos del sistema. Este representante será responsable de coordinar los esfuerzos del equipo de trabajo encargado de la implementación.

RECUERDA

La implantación del sistema de gestión ambiental implica la participación de personal de todos los niveles de la organización. Se deben establecer equipos para llevar a cabo estas tareas. La responsabilidad de la implantación debe ser compartida por todos los miembros del grupo. Es recomendable establecer un organigrama que defina las relaciones entre el personal involucrado en actividades que puedan afectar al medioambiente. Además, se deben definir claramente las responsabilidades y autoridades del personal clave identificado en este organigrama. Esto se puede hacer dentro de los documentos o procedimientos del sistema de gestión ambiental donde se planifican estas tareas de manera más detallada.

3.3. Control del proceso operacional en condiciones normales

El propósito del control operacional es garantizar que las actividades, procesos y servicios con potencial impacto ambiental se realicen de manera controlada, siguiendo criterios de actuación establecidos. El primer paso implica identificar las actividades críticas que pueden afectar significativamente al medioambiente. Luego, se asegura que estas actividades se lleven a cabo bajo condiciones controladas, cumpliendo con requisitos predefinidos.

El tipo de control varía según la naturaleza y la importancia ambiental de cada actividad o proceso. Por ejemplo, el control en el departamento de personal difiere del necesario en la producción o en la gestión de vertidos al río. Sin embargo, el objetivo es siempre el mismo: **controlar las actividades de acuerdo con requisitos específicos.**

Las actividades sujetas a control operacional abarcan desde la prevención de la contaminación y la conservación de recursos en nuevos proyectos hasta las operaciones diarias para garantizar el cumplimiento de requisitos internos y externos, incluyendo el mantenimiento y los criterios operativos. Estas actividades pueden ser realizadas por el personal de la organización, proveedores o contratistas.

Entre las actividades que deben incluirse en el control operacional, destacan:

⮫ **Actividades dirigidas a la prevención de la contaminación y la conservación de recursos en nuevos proyectos, cambios de proceso y gestión de recursos, adquisiciones de propiedades, y nuevos productos.** Estas actividades están orientadas a identificar y mitigar los posibles impactos ambientales asociados a proyectos y procesos nuevos o modificados, así como a garantizar una gestión sostenible de los recursos naturales.

⮫ **Actividades diarias de gestión para asegurar el cumplimiento de los requisitos internos y externos, y para garantizar su eficiencia y eficacia.** Esto incluye las operaciones y procesos cotidianos que deben llevarse a cabo de acuerdo con los requisitos legales, normativos y los estándares internos de la organización. También abarca el mantenimiento de las instalaciones y equipos, así como el establecimiento y seguimiento de criterios operativos para optimizar el desempeño ambiental.

⮫ **Actividades realizadas por el personal de la organización, proveedores y contratistas.** Es fundamental que tanto el personal interno como los proveedores y contratistas externos estén alineados con los objetivos y prácticas ambientales de la organización. Por tanto, se deben establecer procedimientos claros para garantizar que todas las partes involucradas comprendan y cumplan con las políticas y prácticas ambientales establecidas.

Para asegurar que estas actividades se lleven a cabo de manera controlada, es necesario contar con procedimientos escritos para todas las operaciones críticas que puedan afectar al cumplimiento de la política ambiental de la organización. Además, se deben establecer criterios de actuación específicos para orientar la ejecución de estas actividades de manera consistente y efectiva.

NOTA

En el caso de los proveedores y subcontratistas, la empresa debe asegurarse de que acepten y apliquen la política ambiental y las prácticas operativas establecidas. Esto implica que las contratas que trabajen en la empresa, ya sea de forma permanente o temporal, deben conocer y cumplir con los procedimientos del sistema de gestión que les apliquen. Además, a los proveedores se les deberá exigir ciertas pautas mínimas de carácter ambiental, ya sea mediante cláusulas contractuales específicas o a través de comunicaciones externas como parte interesada.

3.4. Identificación, objetivos e indicadores de las actividades sometidas a control operacional

En el marco del sistema de gestión ambiental, el proceso de identificación, establecimiento de objetivos e indicadores de las actividades sujetas a control operacional se erige como un pilar fundamental.

Esta fase, esencial para la efectiva gestión ambiental de una organización, se descompone en tres elementos clave, que abarcan desde la identificación de áreas críticas hasta la evaluación cuantitativa del progreso ambiental:

⮞ **Identificación de actividades críticas:**

- ⮎ Esta etapa implica un minucioso análisis de todas las operaciones, procesos y actividades que puedan impactar el entorno ambiental en el cual opera la organización.
- ⮎ Se busca identificar aquellas actividades que tienen el potencial de generar aspectos ambientales significativos, tales como emisiones, residuos, consumo de recursos naturales, entre otros.
- ⮎ Esta identificación proporciona una comprensión clara de los puntos críticos donde se concentran los riesgos y las oportunidades de mejora ambiental.

⮞ **Establecimiento de objetivos ambientales:**

- ⮎ Una vez identificadas las actividades críticas, se procede a establecer objetivos concretos y medibles que busquen mejorar el desempeño ambiental de la organización.

○ Estos objetivos deben estar alineados con la política ambiental de la organización y reflejar su compromiso con la protección del medioambiente.

○ Pueden incluir metas específicas relacionadas con la reducción de emisiones, la optimización del uso de recursos, la minimización de residuos, entre otros aspectos.

⮑ Desarrollo de indicadores de desempeño ambiental:

○ Los indicadores de desempeño ambiental son herramientas fundamentales para medir y evaluar el progreso hacia el logro de los objetivos ambientales establecidos.

○ Estos indicadores deben ser pertinentes, cuantificables, comparables y capaces de proporcionar información valiosa sobre el desempeño ambiental de la organización.

○ Pueden abarcar áreas como eficiencia energética, gestión del agua, generación de residuos, emisiones atmosféricas, uso de materiales sostenibles, entre otros.

RECUERDA

La identificación de actividades sujetas a control operacional, el establecimiento de objetivos ambientales y el desarrollo de indicadores de desempeño son componentes esenciales para la implementación exitosa de un sistema de gestión ambiental. Estos elementos permiten a la organización enfocarse en áreas críticas, establecer metas tangibles y monitorear de manera efectiva su progreso hacia la mejora continua del desempeño ambiental.

3.5. Seguimiento de puntos de control operacional referentes SGA

El propósito fundamental de las actividades de seguimiento y medición en un sistema de gestión ambiental es evaluar de manera regular el desempeño ambiental de la organización. Esto se logra mediante la recolección sistemática de datos e información que permitan verificar el cumplimiento de los requisitos legales y otros compromisos ambientales establecidos. Veamos con más detalle los elementos que deben ser objeto de seguimiento y medición:

Aspectos ambientales y sus impactos
- Se deben identificar y registrar los aspectos ambientales significativos de las instalaciones, actividades, procesos, productos y servicios de la organización. - Los **elementos clave** de las operaciones relacionadas con estos aspectos, como los consumos de energía, emisiones atmosféricas, efluentes líquidos, generación de residuos, ruido, entre otros, deben ser objeto de seguimiento y medición.

Requisitos legales ambientales
- La organización debe establecer un método para evaluar periódicamente el cumplimiento de los requisitos legales aplicables en materia ambiental. - Esta evaluación puede realizarse mediante auditorías internas, sin embargo, dado que estas auditorías suelen ser anuales, se recomienda realizar comprobaciones adicionales al menos **semestralmente** para garantizar un cumplimiento adecuado de la normativa.

Objetivos y metas ambientales, y Programa de Gestión Ambiental
- Es fundamental realizar un seguimiento regular del progreso hacia el logro de los objetivos y metas ambientales establecidos por la organización. Por ejemplo, si uno de los objetivos es reducir el consumo de agua en un 20 %, se debe monitorear y medir el consumo de agua para verificar el avance hacia este objetivo. - Asismismo, se debe **revisar periódicamente** el cumplimiento del Programa de Gestión Ambiental para asegurar que las acciones planificadas se estén llevando a cabo de manera efectiva.

El registro de la información de seguimiento y medición de estos elementos permite identificar tanto los logros alcanzados como las áreas que requieren corrección y mejora dentro del sistema de gestión ambiental de la organización.

3.6. Control de los dispositivos de seguimiento y medición

El control de los dispositivos de seguimiento y medición se basa en garantizar la precisión y fiabilidad de los datos ambientales recopilados, así como en asegurar el cumplimiento de los requisitos legales y otros compromisos ambientales. Este control está estipulado dentro de la sección "Verificación" de la norma, que forma parte del **ciclo de mejora continua PDCA (planificar, hacer, verificar, actuar).**

La norma ISO 14001 establece que las organizaciones deben implementar procedimientos para controlar y mantener los dispositivos utilizados para monitorear y medir aspectos ambientales significativos. Estos dispositivos pueden incluir equipos de monitoreo de emisiones, medidores de consumo de recursos naturales e instrumentos de muestreo de agua, entre otros.

El control de los dispositivos de seguimiento y medición se basa en varios principios clave:

1. **Calibración inicial.** La calibración inicial es el proceso de verificar y ajustar un dispositivo de medición antes de su uso inicial. Este paso es fundamental para garantizar que el dispositivo proporcione lecturas precisas y confiables desde el principio. Durante la calibración inicial, se comparan las lecturas del dispositivo con estándares de referencia conocidos y se realizan ajustes si es necesario para corregir cualquier desviación. Esto asegura que el dispositivo esté correctamente configurado y listo para su uso en mediciones precisas.
2. **Mantenimiento.** El mantenimiento regular de los dispositivos de seguimiento y medición es esencial para garantizar su correcto funcionamiento a lo largo del tiempo. Esto implica llevar a cabo actividades de limpieza, inspección y ajuste según sea necesario para mantener las condiciones óptimas de funcionamiento. El mantenimiento preventivo ayuda a prevenir problemas futuros y a prolongar la vida útil del dispositivo. Además, el mantenimiento regular puede identificar cualquier problema potencial antes de que afecte negativamente a la precisión o confiabilidad de las mediciones.
3. **Verificación periódica.** Además de la calibración inicial, los dispositivos de seguimiento y medición deben someterse a verificaciones periódicas para asegurar que continúen funcionando correctamente a lo largo del tiempo. Estas verificaciones se realizan a intervalos regulares según los requisitos del dispositivo y las normas aplicables. Durante la verificación periódica, se comparan las lecturas del dispositivo con estándares de referencia para confirmar su precisión y confiabilidad. Esto ayuda a detectar cualquier desviación o deterioro en el rendimiento del dispositivo y tomar las medidas correctivas necesarias.

4. **Registro de información.** Es fundamental llevar un registro detallado de todas las actividades de calibración, mantenimiento y verificación realizadas en cada dispositivo. Estos registros proporcionan una documentación completa de las actividades realizadas y sirven como evidencia de conformidad con los requisitos de la norma ISO 14001 y otros estándares relevantes. El registro de información incluirá detalles como las fechas y resultados de las calibraciones, mantenimiento y verificaciones, así como cualquier acción correctiva tomada en caso de desviaciones o problemas identificados. Este registro facilita la trazabilidad y la gestión efectiva de los dispositivos de seguimiento y medición a lo largo del tiempo.

El control de los dispositivos de seguimiento y medición en la norma ISO 14001 se centra en establecer procesos para garantizar la precisión y fiabilidad de los datos ambientales recopilados, lo que contribuye a una gestión ambiental efectiva y a la mejora continua del desempeño ambiental de la organización.

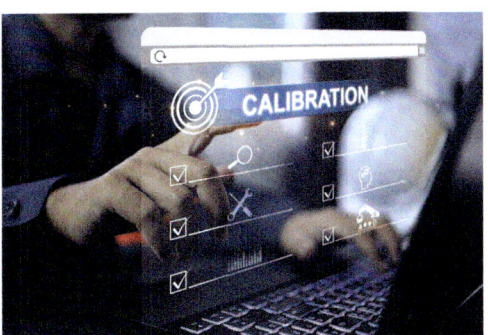

Las organizaciones tienen la opción de realizar la verificación o calibración de los dispositivos de seguimiento y medición internamente o contratar a empresas especializadas para llevar a cabo este servicio.

3.7. Actuaciones ante desviaciones y mejora continua

En lo que concierne a las acciones correctivas, se plantea que, ante la detección de trabajos no conformes o fallos en las políticas y procedimientos del sistema de gestión, se deben implementar acciones correctivas tras una investigación adecuada sobre la magnitud del problema y sus riesgos. Una vez identificado el problema, se debe llevar a cabo un seguimiento posterior para asegurar la eficacia de las acciones tomadas.

Para prevenir desviaciones o dichas no conformidades en el sistema se deben implantar acciones preventivas, donde la organización debe identificar las mejoras necesarias y las posibles fuentes de no conformidades técnicas o administrativas para desarrollar, implementar y ejecutar planes de acción y procedimientos debidamente documentados. Esto se realiza con el objetivo de reducir la probabilidad de ocurrencia de estas no conformidades. Se sugiere a la organización identificar oportunidades de mejora para prevenir la necesidad de realizar correcciones a problemas o quejas.

NOTA

Es importante distinguir entre acciones correctivas y correcciones. Las acciones correctivas implican analizar las causas subyacentes para abordarlas, mientras que las correcciones simplemente eliminan la situación problemática. Por ejemplo, si en un laboratorio se obtiene un resultado erróneo en un ensayo, una acción correctiva sería identificar las causas que provocaron el error, mientras que una corrección sería repetir el ensayo.

La norma establece la necesidad de un procedimiento que abarque tanto acciones correctivas como preventivas, el cual debe incluir:

La definición de responsabilidades
- Dentro del procedimiento de acciones correctivas y preventivas debemos asignar roles claros a los diferentes miembros del equipo, especificando quién es responsable de llevar a cabo cada tarea relacionada con la identificación y abordaje de las no conformidades ambientales.

La investigación y mitigación de impactos
- Esto hace referencia al proceso de análisis de las causas subyacentes de las no conformidades identificadas, así como a la implementación de medidas para reducir o eliminar cualquier impacto ambiental negativo asociado con estas no conformidades. Esto puede implicar la realización de evaluaciones de riesgos ambientales y la adopción de medidas correctivas adecuadas.

La iniciación de acciones correctoras y preventivas
- Implica tomar medidas concretas para abordar las no conformidades identificadas y prevenir su recurrencia en el futuro. Esto puede incluir la revisión y actualización de procedimientos, la capacitación del personal, la modificación de equipos o instalaciones, entre otras acciones.

Las acciones correctoras deben diseñarse con **medidas específicas** para restablecer el cumplimiento tan pronto como sea posible, evitando que la no conformidad se repita en el futuro. Además, es importante evaluar y mitigar cualquier efecto ambiental negativo que pueda haber resultado de la no conformidad, asegurando la interacción satisfactoria con otros componentes del sistema de gestión ambiental, como calidad, seguridad e higiene. Finalmente, es crucial **evaluar la eficacia** de las medidas correctivas implementadas, para garantizar que se logren los resultados deseados y se mejore continuamente el desempeño ambiental de la organización.

 **NOTA**

Una acción correctiva puede ser inmediata para la corrección de la no conformidad, o necesitar de cambios en los métodos de operación; en este caso deberán revisarse los correspondientes procedimientos e instrucciones técnicas.

Diferencias entre acción correctiva y acción preventiva

Acción correctiva	Acción preventiva
La corrección se lleva a cabo porque se ha llegado al origen de la causa.	Se identifican los posibles errores del ensayo con el fin de prevenir su aparición.
La situación no conformidad ocurrió.	La situación no conformidad no ha ocurrido.
Principalmente se emplean herramientas cualitativas como la lluvia de ideas *(brainstroming)* y la espina de pescado o diagrama de Ishiwaka. Posteriormente, se utilizan herramientas cuantitativas como el diagrama de Pareto y el diagrama de inspección.	Se utilizan herramientas como el análisis del modo y efecto de fallas (AMEF) para anticipar la ocurrencia de fallos.

ACTIVIDAD COMPLEMENTARIA

4. Investiga en fuentes externas acerca de posibles acciones correctivas y preventivas en una empresa.

3.8. Definición y comunicación de requisitos ambientales aplicables a agentes externos a la organización teniendo en cuenta la tipología

Los requisitos ambientales aplicables a agentes externos a la organización son aquellas normativas, políticas y expectativas relacionadas con el medioambiente que afectan a proveedores, usuarios y otras partes interesadas.

En primer lugar, es crucial que la organización identifique y comprenda los requisitos ambientales relevantes que se aplican a estos agentes externos. Estos requisitos pueden surgir de varias fuentes, como leyes y regulaciones ambientales, estándares de la industria, acuerdos contractuales y políticas corporativas. Por ejemplo, los proveedores pueden estar sujetos a regulaciones ambientales específicas en relación con la producción de sus productos o el manejo de sus residuos.

Una vez identificados estos requisitos, la organización debe comunicarlos de manera clara y efectiva a los agentes externos pertinentes. Esto implica establecer canales de comunicación adecuados y garantizar que la información sobre los requisitos ambientales se transmita de manera oportuna y comprensible. Por ejemplo, la organización puede incluir cláusulas ambientales en los contratos con proveedores y usuarios, especificando sus expectativas y requisitos ambientales.

IMPORTANTE

La comunicación efectiva de estos requisitos ambientales también puede implicar proporcionar capacitación y orientación a los proveedores y usuarios sobre cómo cumplir con los estándares y expectativas ambientales de la organización. Esto puede incluir sesiones de capacitación, materiales informativos y herramientas de apoyo para ayudar a los agentes externos a comprender y cumplir con los requisitos ambientales aplicables.

- -

Los diferentes requisitos pueden afectar a:

➲ **Proveedores:**

  ◑ Cumplimiento de regulaciones ambientales locales, nacionales e internacionales relevantes para su industria.
  ◑ Implementación de prácticas sostenibles en la producción, como la gestión adecuada de residuos y la reducción de emisiones.
  ◑ Certificaciones ambientales que demuestren el compromiso con la protección del medioambiente.
  ◑ Colaboración en iniciativas de mejora continua y optimización de procesos para reducir el impacto ambiental de los productos suministrados.

➲ **Usuarios:**

  ◑ Uso adecuado y responsable de los productos o servicios ofrecidos por la organización, minimizando el impacto ambiental.
  ◑ Participación en programas de sensibilización y capacitación ambiental proporcionados por la organización.
  ◑ Cumplimiento de las disposiciones ambientales establecidas en los contratos o acuerdos con la organización.
  ◑ Retroalimentación activa sobre la satisfacción con los productos o servicios en términos de su impacto ambiental y sugerencias de mejora.

➲ **Otras partes interesadas:**

  ◑ Participación en procesos de consulta y diálogo sobre cuestiones ambientales relevantes para la comunidad o el entorno.
  ◑ Adhesión a políticas y directrices ambientales establecidas por la organización, cuando corresponda.
  ◑ Información transparente y oportuna sobre actividades que puedan tener un impacto significativo en el medioambiente local o global.
  ◑ Colaboración en iniciativas de responsabilidad social corporativa y proyectos de sostenibilidad que beneficien al medioambiente y a la comunidad.

Estos son solo ejemplos de posibles requisitos ambientales para cada grupo de partes interesadas. Los requisitos específicos pueden variar según la naturaleza de la organización, su sector industrial y las leyes y regulaciones ambientales aplicables en su jurisdicción, pero generalmente incluyen lo siguiente:

- ● **Legislación y regulaciones ambientales.** Las leyes y regulaciones establecidas por autoridades gubernamentales a nivel local, nacional e internacional que afectan las actividades y operaciones de los agentes externos. Esto puede incluir normativas sobre emisiones, gestión de residuos, conservación de recursos naturales, entre otros.
- ● **Normas y estándares.** Las normas y estándares de gestión ambiental establecidos por organizaciones de normalización, como la norma ISO 14001, que pueden aplicarse a proveedores y otras partes interesadas como requisitos contractuales o de cumplimiento.
- ● **Políticas y directrices corporativas.** Las políticas internas de la organización, así como las directrices establecidas para sus proveedores y usuarios, que definen las expectativas en términos de prácticas ambientales responsables y sostenibles.
- ● **Expectativas de los *stakeholders.*** Las expectativas y demandas de diversas partes interesadas, como comunidades locales, grupos de interés, clientes y consumidores, que pueden influir en las prácticas ambientales de los agentes externos.
- ● **Requisitos contractuales.** Los requisitos ambientales especificados en contratos, acuerdos y convenios entre la organización y sus proveedores, usuarios u otras partes interesadas, que establecen compromisos y responsabilidades en relación con el medioambiente.
- ● **Mejores prácticas de la industria.** Las prácticas recomendadas y los estándares de desempeño ambiental aceptados por la industria en la que operan los agentes externos, que pueden ser adoptados voluntariamente para mejorar el rendimiento ambiental.

En definitiva, los requisitos ambientales aplicables a agentes externos a la organización son una combinación de obligaciones legales, estándares industriales, políticas corporativas y expectativas de *stakeholders* que influyen en las acciones y decisiones relacionadas con el medioambiente de dichos agentes.

3.9. Elaboración de informes: entradas a la revisión por la dirección

En el proceso de revisión por la dirección, se recopila una serie de informes que ofrecen una visión integral del desempeño ambiental de la organización. Estos informes abarcan una variedad de aspectos fundamentales que permiten evaluar tanto los logros como las áreas de mejora en términos de gestión ambiental. Desde la evaluación del impacto de las actividades operativas en el entorno hasta el seguimiento del cumplimiento de las normativas y estándares ambientales, cada elemento proporciona datos valiosos para orientar las decisiones estratégicas de la alta dirección.

Estos informes sirven como una herramienta fundamental para comprender la eficacia de las políticas y prácticas ambientales implementadas por la organización. Además, ofrecen una base sólida para identificar tendencias a lo largo del tiempo y detectar posibles desviaciones o problemas emergentes que requieran atención inmediata.

En definitiva, constituyen el punto de partida para un proceso de revisión profunda y reflexiva que permite a la dirección tomar medidas proactivas para mejorar el desempeño ambiental y promover la sostenibilidad en todas las áreas de la operación empresarial.

En cuanto a la elaboración de informes, comprenden varios elementos cruciales relacionados con el desempeño ambiental de la organización, que incluyen:

Evaluación periódica de impactos ambientales
- Este proceso implica una evaluación regular y sistemática de cómo las actividades, productos o servicios de la organización afectan al medioambiente. Se examinan aspectos como la generación de residuos, emisiones atmosféricas, consumo de recursos naturales, entre otros.

Evaluación de impactos ambientales significativos
- Se centra en los impactos que tienen un potencial significativo para afectar adversamente al medioambiente. Estos pueden incluir contaminación del agua, emisiones de gases de efecto invernadero, generación de residuos tóxicos, entre otros. Identificar y evaluar estos impactos permite priorizar acciones para minimizar o mitigar sus efectos y reducir el riesgo ambiental.

Evaluación periódica del cumplimiento de la normativa
- Consiste en verificar si la organización está cumpliendo con todas las leyes, regulaciones y normativas ambientales pertinentes. Esto implica revisar regularmente los registros y datos para asegurar que las operaciones estén alineadas con los requisitos legales establecidos. Además, se evalúa el cumplimiento de los compromisos voluntarios asumidos por la organización, como certificaciones ambientales o compromisos de sostenibilidad.

Es fundamental identificar tanto los impactos negativos como los positivos para comprender completamente el panorama ambiental en el que opera la organización.

Estas evaluaciones proporcionan una base sólida para la toma de decisiones en la revisión por la dirección. Al analizar los resultados de estas evaluaciones, los líderes de la organización pueden identificar áreas de mejora, establecer objetivos ambientales realistas y desarrollar estrategias para fortalecer el desempeño ambiental de la organización. Además, estos informes son fundamentales para mantener la transparencia y la rendición de cuentas en materia ambiental tanto dentro como fuera de la organización.

3.10. Revisión por la dirección

Las revisiones por dirección son revisiones programadas del sistema de gestión ambiental (SGA) en las que se plasma un componente esencial del compromiso de la dirección de la empresa con la mejora continua y la excelencia en materia ambiental. Estas revisiones se llevan a cabo de manera planificada y periódica para evaluar la adecuación y la efectividad del SGA en función de los objetivos establecidos y los requisitos ambientales.

Durante estas revisiones, la dirección analiza críticamente todos los aspectos del SGA, incluyendo políticas, procedimientos, prácticas operativas y el desempeño ambiental general de la organización. Se evalúa cómo se están cumpliendo los objetivos y metas ambientales, así como el grado de conformidad con la legislación y los estándares ambientales aplicables.

Además, se considera cualquier nueva información relevante, como cambios en la normativa ambiental, avances tecnológicos o tendencias en el desempeño ambiental de la industria. Esto permite a la dirección identificar oportunidades de mejora y tomar decisiones informadas sobre ajustes o actualizaciones necesarias en el SGA.

IMPORTANTE

El objetivo principal de estas revisiones es asegurar que el SGA esté alineado con los objetivos estratégicos de la empresa y que continúe siendo relevante y efectivo en la gestión de los aspectos ambientales. Además, proporcionan una oportunidad para demostrar el liderazgo y el compromiso de la dirección con la protección del medioambiente y la sostenibilidad a largo plazo.

Esta revisión implica recopilar información relevante proveniente de diversas fuentes, que incluyen:

1. **Informes de auditoría:**

   ◊ Los informes de auditoría son herramientas fundamentales en la evaluación del desempeño ambiental de una organización.
   ◊ Se realizan auditorías tanto internas como externas para evaluar el cumplimiento de los procedimientos y prácticas establecidos en el sistema de gestión ambiental (SGA).
   ◊ Los informes de auditoría proporcionan una evaluación objetiva y detallada del cumplimiento ambiental de la organización, identificando áreas de mejora y puntos fuertes en su desempeño.

2. **Las evaluaciones de cumplimiento legal y otros requisitos:**

   ◊ Estas evaluaciones son esenciales para garantizar que la organización esté operando dentro de los límites establecidos por la legislación ambiental y otros requisitos aplicables.
   ◊ Se llevan a cabo para identificar cualquier brecha en el cumplimiento y tomar medidas correctivas adecuadas para garantizar el cumplimiento continuo.
   ◊ Las evaluaciones abarcan no solo la legislación ambiental, sino también otros requisitos como estándares voluntarios, compromisos corporativos y expectativas de las partes interesadas.

3. **Comunicaciones de partes interesadas externas:**

   ⟲ Estas comunicaciones abarcan a la comunidad local, organizaciones ambientales, reguladores y otros grupos de interés externos.
   ⟲ Proporcionan una perspectiva invaluable sobre cómo se percibe el desempeño ambiental de la empresa y cómo puede mejorar su relación con estas partes interesadas.
   ⟲ Las comunicaciones externas ayudan a identificar áreas de mejora y oportunidades para fortalecer las relaciones con la comunidad y otras partes interesadas.

4. **Logro de los objetivos y metas ambientales:**

   ⟲ El logro de objetivos y metas ambientales es fundamental para la efectividad del sistema de gestión ambiental (SGA).
   ⟲ Estos objetivos y metas son establecidos previamente por la organización como parte de su compromiso con la protección del medioambiente.
   ⟲ El monitoreo y la medición del progreso hacia estos objetivos y metas permiten a la organización evaluar su desempeño ambiental y tomar acciones correctivas si es necesario.

5. **Estado de las acciones correctivas y preventivas:**

   ⟲ Este estado revela la capacidad de la empresa para identificar y abordar proactivamente problemas o desviaciones del estándar deseado.
   ⟲ Incluye la evaluación de la efectividad de las medidas correctivas tomadas en respuesta a no conformidades previas, así como la implementación de acciones preventivas para evitar futuros incidentes ambientales.
   ⟲ Mantener un registro actualizado del estado de las acciones correctivas y preventivas es crucial para garantizar la eficacia continua del Sistema de Gestión Ambiental.

Una vez que se ha recopilado esta información, la dirección la analiza y evalúa cuidadosamente para identificar áreas de mejora y tomar decisiones informadas destinadas a fortalecer el sistema ambiental.

Es esencial que el proceso de revisión se documente adecuadamente, registrando la información analizada y las decisiones tomadas. Esto no solo proporciona un registro histórico de las revisiones realizadas, sino que también garantiza la transparencia y la trazabilidad en el proceso de toma de decisiones relacionadas con la gestión ambiental de la organización.

Es importante que el informe de revisión por la dirección sea un **informe objetivo,** que valore realmente la eficacia del SGA implantado, que se extraigan las conclusiones adecuadas y que se planifiquen los medios y actuaciones necesarias para la mejora.

 **VÍDEO**

Escanea el siguiente QR para ver con detalle en qué consiste la revisión por dirección.

https://redirectoronline.com/seag00050307

3.11. Contenido de la declaración ambiental

La declaración ambiental es un documento fundamental que comunica de manera clara y concisa la postura de una organización respecto a su desempeño ambiental.

El Reglamento (CE) n.º 761/2001 no establece una estructura específica ni el orden en que deben presentarse los temas en la declaración medioambiental según el punto 3.2. del anexo III del reglamento EMAS.

A continuación, se propone un índice para la declaración medioambiental, organizado conforme a los requisitos establecidos en el anexo III del Reglamento (CE) n.º 761/2001:

- **Introducción y presentación de la organización.** Se trata de una breve descripción de la empresa, incluyendo su nombre, ubicación, sector de actividad y su compromiso con la sostenibilidad ambiental.
- **Política ambiental.** Abarca una explicación de los principales y valores ambientales adoptados por la organización, así como sus objetivos y compromisos con la protección del medioambiente.

- **Contexto operativo.** En este apartado se describe el contexto en el que opera la organización, incluyendo su cadena de suministro, productos y servicios ofrecidos, y cualquier aspecto relevante que pueda influir en su desempeño ambiental.
- **Aspectos ambientales significativos.** Se trata de enumerar los aspectos ambientales directos e indirectos que la empresa identifica como relevantes para su operación, como consumo de recursos naturales, generación de residuos, emisiones contaminantes, entre otros.
- **Evaluación de impactos ambientales.** Es un análisis detallado de los impactos ambientales asociados con las actividades, productos y servicios de la organización, incluyendo una evaluación de su magnitud y alcance.
- **Gestión ambiental.** En este apartado se describen las acciones y programas implementados por la empresa para gestionar y minimizar sus impactos ambientales, incluyendo programas de reducción de emisiones, gestión de residuos, eficiencia energética, entre otros.
- **Cumplimiento legal y normativo.** Evaluación del cumplimiento de la empresa con las leyes y regulaciones ambientales aplicables, así como cualquier normativa o estándar voluntario que haya adoptado.
- **Indicadores de desempeño ambiental.** Se expone la presentación de métricas y datos cuantitativos que permitan evaluar el progreso de la empresa en la mejora de su desempeño ambiental, como consumos de recursos, emisiones reducidas, aumento de la eficiencia energética, entre otros.
- **Compromiso con la mejora continua.** Es una declaración del compromiso de la empresa con la mejora continua de su desempeño ambiental, incluyendo objetivos y metas específicas para el futuro.
- **Conclusiones y planes futuros.** Finalmente se presenta un resumen de los principales hallazgos y conclusiones de la Declaración Ambiental, así como planes futuros y acciones propuestas para seguir avanzando hacia la sostenibilidad ambiental.
- **Anexos.** Información adicional relevante, como datos técnicos, informes de auditoría, certificaciones, entre otros documentos de respaldo.

PARA SABER MÁS

Escanea el siguiente QR para ampliar información sobre la declaración medioambiental.

Continúa en página siguiente >>

<< Viene de página anterior

https://redirectoronline.com/seag00050308

 **TAREA 4**

Sara es la gerente de una pequeña empresa de fabricación de muebles artesanales, comprometida con la sostenibilidad ambiental y la responsabilidad social. Consciente del impacto que las operaciones de su empresa pueden tener en el medioambiente, Sara ha decidido elaborar una declaración ambiental para comunicar los valores y compromisos ambientales de su empresa. Reconoce que esta declaración no solo será una herramienta para promover la transparencia y la rendición de cuentas, sino también una oportunidad para inspirar a otros negocios en la adopción de prácticas sostenibles.

Considerando el compromiso de Sara con la sostenibilidad ambiental en su empresa de fabricación de muebles, ¿qué debería aportar Sara en cuanto a materia de política ambiental en una declaración ambiental efectiva?

---

4. Resumen

La implementación efectiva de un sistema de gestión medioambiental (SGA) requiere de un enfoque sistemático y bien estructurado. Este proceso consta de varias etapas interrelacionadas que se complementan entre sí para garantizar que la organización pueda gestionar de manera efectiva sus impactos ambientales y cumplir con sus objetivos ambientales. A continuación, amplío cada una de estas etapas:

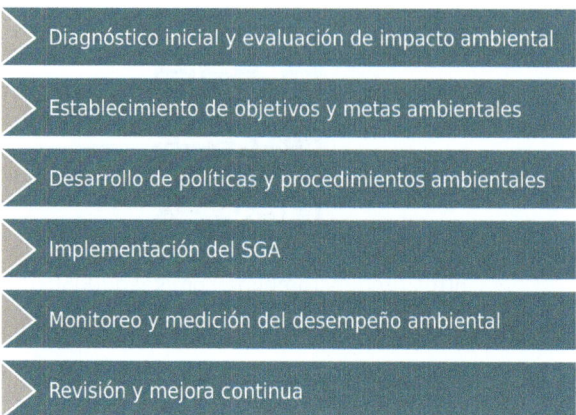

Diagnóstico inicial y evaluación de impacto ambiental

Establecimiento de objetivos y metas ambientales

Desarrollo de políticas y procedimientos ambientales

Implementación del SGA

Monitoreo y medición del desempeño ambiental

Revisión y mejora continua

Al seguir estas etapas clave y comprometerse con la mejora continua, las organizaciones pueden establecer y mantener un SGA sólido que les permita gestionar de manera efectiva sus impactos ambientales, cumplir con los requisitos legales y regulatorios, y contribuir a la protección y preservación del medioambiente para las generaciones futuras.

Ejercicios de autoevaluación
Unidad de Aprendizaje 4

1. ¿Cuál de los siguientes aspectos no es necesario analizar para establecer el alcance del sistema de gestión ambiental?

   a. Problemas externos e internos
   b. Cumplimiento de compromisos
   c. Unidades empresariales, funciones y límites físicos
   d. Actividades, servicios y microorganismos

2. ¿Cuál es el objetivo principal de determinar los aspectos ambientales significativos en el proceso de implementación de un sistema de gestión medioambiental (SGA)?

   a. Identificar todos los elementos relacionados con las actividades de la organización.
   b. Evaluar el impacto ambiental generado por los aspectos identificados.
   c. Establecer objetivos y metas para gestionar los aspectos significativos.
   d. Implementar medidas específicas para minimizar el impacto de los aspectos significativos en el medioambiente.

3. ¿Cuál de los siguientes requerimientos legales están ligados a aspectos ambientales?

   a. Mandatos de organismos gubernamentales y otras autoridades pertinentes
   b. Normativas, leyes y decretos con aplicabilidad a nivel local, nacional o internacional
   c. Exigencias estipuladas en permisos, licencias u otras formas de autorización
   d. Todas las opciones son correctas.

4. ¿Cuál de las siguientes características NO es necesaria para que una meta sea efectiva y contribuya al logro de los objetivos ambientales de una organización?

    a. Debe ser aceptada por las personas involucradas en la organización, ya que su compromiso es fundamental para su consecución y para el éxito general de la iniciativa medioambiental.

    b. Debe ser flexible para adaptarse a las diversas situaciones que puedan surgir, permitiendo ajustes según cambien las condiciones del entorno o las necesidades de la organización.

    c. Debe ser motivadora, ya que metas desafiantes y estimulantes pueden inspirar a los miembros de la organización a tomar acciones positivas hacia la protección del medioambiente y el logro de los objetivos establecidos.

    d. Debe ser ambigua para fomentar la creatividad, permitiendo que los individuos encuentren diferentes enfoques y soluciones innovadoras para alcanzarla, lo que puede generar un mayor compromiso y participación en la implementación de prácticas sostenibles.

5. ¿Cuál de las siguientes actividades ambientales evalúa la relación entre la producción o la actividad y el consumo de recursos, como la energía o las materias primas, para determinar la eficiencia en su utilización?

    a. Calidad del agua y del suelo

    b. Eficiencia en el uso de recursos

    c. Cumplimiento legal

    d. Accidentes ambientales

6. Identifica si la siguiente oración es verdadera o falsa: "En el segundo tercer nivel de los distintos niveles de comunicación se encuentran los procedimientos. En estos documentos se recogen los métodos que aplicar y los criterios que seguir para cumplir con los requisitos necesarios con el fin de implementar correctamente un sistema de gestión ambiental. Cada capítulo del manual está desarrollado por uno o varios procedimientos. Además, en cada capítulo se debe hacer referencia a los procedimientos que desarrolla".

    ■ Verdadero
    ■ Falso

7. **El propósito principal de la calibración inicial de un dispositivo de medición es…**

   a. … verificar la precisión del dispositivo después de su uso prolongado.
   b. … ajustar el dispositivo para aumentar su durabilidad.
   c. … comparar las lecturas del dispositivo con estándares de referencia conocidos y realizar ajustes si es necesario.
   d. … preparar el dispositivo para su almacenamiento a largo plazo.

8. **¿Cuáles de los elementos deben contener las acciones correctivas y preventivas?**

   a. La definición de responsabilidades
   b. La investigación y mitigación de impactos
   c. La iniciación de acciones correctoras y preventivas
   d. Todas las opciones son correctas.

9. **¿Cuál de las siguientes acciones es un criterio relevante para evaluar a los proveedores en términos de su compromiso con la protección del medioambiente?**

   a. No cumplir con regulaciones ambientales locales, nacionales e internacionales relevantes para su industria.
   b. Implementar prácticas sostenibles solo en aspectos no críticos de la producción.
   c. Obtener certificaciones ambientales sin una verdadera dedicación a la sostenibilidad.
   d. Colaborar en iniciativas de mejora continua y optimización de procesos para reducir el impacto ambiental de los productos suministrados.

10. **¿Cuál de las siguientes actividades proporciona una visión imparcial de cómo se están implementando y siguiendo los protocolos ambientales en toda la empresa?**

    a. Informes de auditoría.
    b. Evaluaciones de cumplimiento legal y otros requisitos.
    c. Comunicaciones de partes interesadas externas.
    d. Logro de los objetivos y metas ambientales.

Glosario

Auditoría medioambiental (AMA)
instrumento de gestión que comprende la evaluación sistemática, documentada, periódica y objetiva de la eficacia de la organización respecto a su sistema de gestión medioambiental y los procedimientos destinados a ello.

Biodiversidad
pluralidad de especies animales y vegetales de un ecosistema.

Cambio climático
aumento de las temperaturas globales debido a la acumulación de gases de efecto invernadero en la atmósfera, principalmente causada por la quema de combustibles fósiles y la deforestación.

Contaminante
cualquier sustancia o agente físico que, al ser introducido en un medioambiente, causa daño o altera su calidad, afectando negativamente a los seres vivos, los ecosistemas o los procesos naturales. Los contaminantes pueden ser de origen natural o generados por actividades humanas, y pueden incluir sustancias químicas, gases, partículas sólidas, microorganismos o radiación.

Créditos de carbono (certificados de reducción de emisiones)
instrumento financiero y legal utilizado en el ámbito internacional para mitigar el cambio climático y reducir las emisiones de gases de efecto invernadero (GEI).

Deforestación
eliminación o destrucción de bosques y áreas forestales, ya sea por la tala de árboles para obtener madera, la conversión de tierras forestales en otros usos como agricultura o urbanización, o por incendios forestales.

Ecología

ciencia que estudia las relaciones de los seres vivos y el medio en el que viven.

Ecosistema

espacio constituido por un medio físico (componentes abióticos), todos los seres que viven en él (componentes bióticos) y las relaciones que se dan entre ellos (componentes sociales.

Evaluación de impacto ambiental (EIA)

proceso técnico-administrativo que examina los posibles efectos significativos que los proyectos pueden tener en el medioambiente antes de su aprobación.

Hábitat

lugar o ambiente natural donde vive y se desarrolla un organismo.

Huella hídrica

medida del volumen total de agua utilizada directa o indirectamente para producir bienes o servicios a lo largo de todo el ciclo de vida de un producto o actividad. Incluye tanto el agua consumida como el agua contaminada durante el proceso de producción.

Impacto ambiental

efecto que una determinada acción humana, ya sea directa o indirecta, produce sobre el medioambiente.

KPI *(key performance indicator)*

indicador de desempeño. Son métricas que ayudan a determinar el resultado o rentabilidad de determinadas acciones para saber si se están cumpliendo los objetivos marcados inicialmente.

Lluvia ácida

precipitación que contiene altos niveles de ácidos, como el ácido sulfúrico y el ácido nítrico, resultantes de la combinación de la humedad atmosférica con gases contaminantes, especialmente dióxido de azufre (SO_2) y óxidos de nitrógeno (NOx), liberados por la quema de combustibles fósiles y otras actividades humanas.

Medioambiente

entorno que rodea a los seres vivos, incluyendo los elementos físicos, químicos, biológicos y sociales que interactúan entre sí y que influyen en la vida en la tierra.

Metas medioambientales
requisitos de desempeño detallados, cuantificados, aplicables a la organización o a partes de ella. Estas metas derivan de los objetivos ambientales y deben cumplirse para lograr dichos objetivos.

Objetivos medioambientales
los logros ambientales generales que la organización aspira alcanzar, basados en la política ambiental y los aspectos ambientales significativos. Siempre que sea posible, deben ser cuantificados.

Política medioambiental
intenciones y la dirección general de una organización respecto de su comportamiento medioambiental, expuestas oficialmente por sus cuadros directivos, incluido el cumplimiento de todos los requisitos legales aplicables en materia de medioambiente y también el compromiso de mejorar de manera continua el comportamiento medioambiental.

Reforestación
proceso de plantar árboles en áreas que han sido deforestadas o degradadas, con el fin de restaurar la cubierta forestal y recuperar las funciones ecológicas del ecosistema. Este proceso ayuda a combatir la pérdida de biodiversidad, proteger el suelo, mejorar la calidad del agua, capturar carbono atmosférico y proporcionar hábitats para la fauna.

Sistema de gestión medioambiental
parte del sistema general de gestión que incluye la estructura organizativa, las actividades de planificación, las responsabilidades, las prácticas, los procedimientos, los procesos y los recursos para desarrollar, aplicar, alcanzar, revisar y mantener la política.

Smog
forma de contaminación del aire caracterizada por una neblina o niebla combinada con humo y otros contaminantes atmosféricos, como óxidos de nitrógeno, compuestos orgánicos volátiles y partículas finas. Se forma principalmente a partir de la combinación de la radiación solar con emisiones de vehículos, industrias y actividades humanas. El *smog* puede tener efectos adversos en la salud humana y el medioambiente, incluyendo problemas respiratorios, irritación ocular y daño a los cultivos.

Bibliografía

_____

Monografías

→ CONESA Fernández-Vítora, V.: *Guía metodológica para la evaluación del impacto ambiental*. Madrid: Mundi-Prensa Libros, 2009.

> Esta obra es una referencia en la evaluación de impactos ambientales, proporcionando metodologías y herramientas para su correcta implementación.

→ VALDÉS Fernández, J. L., ALONSO García, M., CALSO, N. y SOTO, M.: *Guía para la aplicación de ISO 14001 2015*. Madrid: Asociación Española de Normalización y Certificación, 2016.

> Guía práctica para para iniciarse en la norma ISO 14001.

→ VV. AA.: *Consejo Regulador de la Denominación de Origen Protegida Sierra Mágina*. Mágina: el Origen, 2024.

> Esta obra documenta la transformación del sector olivarero en la región de Sierra Mágina durante los últimos 25 años, destacando la implementación de prácticas de gestión medioambiental que han contribuido a mejorar la calidad del aceite de oliva virgen extra.

Textos electrónicos, bases de datos y programas informáticos

→ Documento del Parlamento Europeo sobre la Enmienda de Doha, de: <https://www.unodc.org/documents/congress/Declaration/V1504154_ Spanish.pdf>.

> Informe del 13.° Congreso de las Naciones Unidas sobre Prevención del Delito y Justicia Penal Doha, 12 a 19 de abril de 2015, donde se expone la Declaración de Doha sobre la integración de la prevención del delito y la justicia penal en el marco más amplio del programa de las Naciones Unidas para abordar los problemas sociales y económicos y promover el estado de derecho a nivel nacional e internacional y la participación pública.

→ Documento sobre la evaluación del impacto ambiental, de: <https://www.miteco.gob.es/es/calidad-y-evaluacion-ambiental/temas/evaluacion-ambiental.html>.

Documento del Ministerio de Transición Ecológica donde se explica la evaluación ambiental de planes, programas y proyectos es el procedimiento técnico y administrativo por el que se toman en consideración, en el proceso de toma de decisión de aquéllos, todos los aspectos relativos a la protección del medioambiente.

→ Inventario Nacional de Contaminantes Atmosféricos, de: <https://www.miteco.gob.es/es/calidad-y-evaluacion-ambiental/temas/sistema-espanol-de-inventario-sei-/inventario-contaminantes-atmosfericos.html>.

Inventario donde se estiman anualmente las emisiones a la atmósfera bajo el marco normativo aplicable.

→ Manual de sensibilización medioambiental, de: <https://www.juntadeandalucia.es/medioambiente/web/Bloques_Tematicos/Educacion_Y_Participacion_Ambiental/Educacion_Ambiental/Educam/Educam_II/Manual_Sensib_MA/manual_sensibilizacion_1.pdf>.

Manual de la Junta de Andalucía donde se exponen criterios para llevar a cabo la sensibilidad con y para el medioambiente.

→ Norma ISO 14001:2015, de: <https://sigi.sic.gov.co/SIGI/files/mod_documentos/anexos/886/NORMA%20ISO%2014001.2015.pdf>.

Norma Internacional ISO 14001:2015.

Legislación

→ Reglamento (UE) 2017/1505 de la Comisión de 28 de agosto de 2017 por el que se modifican los anexos I, II y III del Reglamento (CE) n.° 1221/2009 del Parlamento Europeo y del Consejo, relativo a la participación voluntaria de organizaciones en un sistema comunitario de gestión y auditoría medioambientales (EMAS).

→ Reglamento (CE) n.° 1221/2009 del Parlamento Europeo y del Consejo de 25 de noviembre de 2009, relativo a la participación voluntaria de organizaciones en un sistema comunitario de gestión y auditoría medioambientales (EMAS), y por el que se derogan el Reglamento (CE) n.° 761/2001 y las Decisiones 2001/681/CE y 2006/193/CE de la Comisión.

→ Ley 21/2013, de 9 de diciembre, de evaluación ambiental.

→ Ley 41/2010, de 29 de diciembre, de protección del medio marino.

→ Ley 26/2007, de 23 de octubre, de Responsabilidad Medioambiental.

→ Ley 34/2007, de 15 de noviembre, de calidad del aire y protección de la atmósfera.

→ Ley 22/1988, de 28 de julio, de Costas.

→ Real Decreto Legislativo 1/2001, de 20 de julio, por el que se aprueba el texto refundido de la Ley de Aguas y sus posteriores modificaciones.

→ Real Decreto 876/2014, de 10 de octubre, por el que se aprueba el Reglamento General de Costas.

→ Real Decreto 849/1986, de 11 de abril, por el que se aprueba el Reglamento del Dominio Público Hidráulico.

→ Orden ARM/1312/2009, de 20 de mayo, por la que se regulan los sistemas para realizar el control efectivo de los volúmenes de agua utilizados por los aprovechamientos de agua del dominio público hidráulico, de los retornos al citado dominio público hidráulico y de los vertidos al mismo.

→ Normas UNE. Aplicables exclusivamente en España.

→ Normas EN. Aplicables en la Unión Europea.

→ Normas ISO. De alcance internacional.